本书由国家科技图书文献中心专项资助

面向国家重点研发计划的专题服务系列丛书

主　编：刘细文
副主编：靳　茜　王　丽　马晓敏

全球海底科学观测网发展态势研究

U0271805

全球海底科学观测网发展态势研究组◎编著

组　长：王　辉
组　员：王保成　郭世杰　董　璐

电子工业出版社
Publishing House of Electronics Industry
北京·BEIJING

内 容 简 介

　　"十二五"期间，我国在急需发展的、具有相对优势和科技突破先兆的科技领域中，综合考虑科学目标、技术基础、科研需求和人才队伍等因素，优先安排了 16 项重大科技基础设施建设，海底科学观测网是国家"十二五"期间建设的科研急需、条件成熟的设施之一。本书利用调研、计量分析等情报研究方法，调研加拿大、美国、欧洲、日本等国家和地区中的已有设施及未来发展规划，梳理海底科学观测网的国际发展趋势，从建设和研发投入、国际地位和影响、运行效率和共享水平、科技经济社会综合效益等角度进行海底科学观测网的阐述与分析。

　　未经许可，不得以任何方式复制或抄袭本书之部分或全部内容。

全球海底科学观测网发展态势研究/全球海底科学观测网发展态势研究组编著. —北京：电子工业出版社，2020.10

ISBN 978-7-121-38481-3

Ⅰ. ①全… Ⅱ. ①全… Ⅲ. ①海底测量－观测网－研究 Ⅳ. ①P229.1

中国版本图书馆 CIP 数据核字（2020）第 029875 号

责任编辑：徐蔷薇

文字编辑：张　慧

印　　刷：涿州市京南印刷厂

装　　订：涿州市京南印刷厂

出版发行：电子工业出版社

　　　　　北京市海淀区万寿路 173 信箱　　邮编：100036

开　　本：720×1 000　1/16　印张：11　字数：143 千字

版　　次：2020 年 10 月第 1 版

印　　次：2020 年 10 月第 1 次印刷

定　　价：89.00 元

　　凡所购买电子工业出版社图书有缺损问题，请向购买书店调换。若书店售缺，请与本社发行部联系，联系及邮购电话：（010）88254888，88258888。

　　质量投诉请发邮件至 zlts@phei.com.cn，盗版侵权举报请发邮件至 dbqq@phei.com.cn。

　　本书咨询联系方式：xuqw@phei.com.cn。

编委会

前　言

　　"十二五"期间，我国在急需发展的、具有相对优势和科技突破先兆的领域中，综合考虑科学目标、技术基础、科研需求和人才队伍等因素，优先安排了 16 项重大科技基础设施建设，海底科学观测网是国家"十二五"期间建设的科研急需、条件成熟的设施之一。

　　海洋科学研究正经历着由海面短暂考察到海洋内部长期观测的革命性变化，这一研究将从根本上改变人类对海洋的认识。海洋科学研究围绕实现全天候、综合性、长期连续实时观测海洋内部各种过程及其相互关系的科学目标，建设长期的海底科学观测网，主要包括基于光电缆的陆架和深海观测系统，基于无线传输的海底观测网拓展系统，基于固定平台的海底观测网综合节点系统，岸站、支撑系统和管理中心等。海底科学观测网建成后，将为国家海洋安全、深海能源与资源开发、环境监测、海洋灾害预警预报等研究提供支撑。

　　本书利用调研、计量分析等情报研究方法，调研加拿大、美国、欧洲、日本等国家和地区中的已有设施及未来发展规划，梳理海底科学观测网的国际发展趋势，从建设和研发投入、国际地位和影响、运行效率和共享水平、科技经济社会综合效益等角度进行海底科学观测网的阐述与分析。

编著者

2020 年 8 月

目 录

第 1 章

加拿大海底科学观测网

▶1.1　加拿大海底科学观测网发展历史

加拿大海洋观测网（Ocean Networks Canada，ONC）建立于 2007 年，是目前国际上规模最大、技术最先进的综合性长期海底科学观测网，在过去的几年中，ONC 通过专业的发展已成为海洋科学的先驱，其主要目的是推进创新的科学和技术，并惠及整个加拿大。ONC 由加拿大金星海底观测网（VENUS Coastal Network）和加拿大海王星区域性电缆海底观测网（NEPTUNE Canada Regional Network）两部分组成，长期搜集物理、化学、生物、地质数据，支持复杂地球过程的研究。

ONC 的大数据已涵盖了包括北极在内的海洋观测系统，并扩大至加拿大西海岸、东海岸的浮标，船舶数据采集系统，沿海海洋雷达观测和渡轮。通过连续采集、归档，以及从海底传输数据，支持地震与海啸预警、气候变化研究、海岸带管理与保护等科学研究。此外，ONC 还支持基准数据的实时访问，以及面向全球策略的工具开发。

▶1.2 加拿大海底科学观测网现状

加拿大海底科学观测网主要由 ONC 负责和管理,目前旗下已经建成和运营了 NEPTUNE 和 VENUS 两个海底科学观测网。由加拿大维多利亚大学负责运营和维护这两个观测网,并通过这两个观测网将搜集到的数据从无人岸站传输到数据中心。ONC 观测地区部署见表 1.1。

表 1.1　ONC 观测地区部署

区　域	东北太平洋	沙利旭海	北极社区观测站
位　置	位于温哥华岛西海岸,离岸 300km,沿大陆斜坡带穿过胡安·德富卡板块	位于温哥华岛和大不列颠哥伦比亚省大陆之间的格鲁吉亚海峡和萨尼奇海峡入口	距离剑桥湾社区码头 50m 左右,位于努纳武特地区
光缆部署	850km 光缆环	44km 阵列光缆	社区观测站
节　点	5 个操作节点	4 个操作节点、沿海雷达、水下滑翔机、渡船仪器	1 个操作节点、码头气象站
深度（m）	23～2660	0～300	6

NEPTUNE 是世界上第一个大区域、大尺度、多节点、多传感器的海底科学观测网,于 2008 年至 2009 年首先完成了 800km 长的多节点环形主干网的建设。从艾伯尼港岸站（位于温哥华岛）开始,该观测网穿越了海岸带、大陆斜坡带、深海平原和大洋扩张脊等不同的地质构造环境。

VENUS 是一个近岸的海底科学观测网,于 2006 年在萨尼奇海峡布设了一条 4km 长的单节点网,其科学节点投放在 100m 水深处,系统布设在有氧和缺氧过渡带的峡湾内,光缆登陆点位于加拿大渔业和海洋科学研究所。2008 年在佐治亚海峡布设了第二条 40km 长的双节点海底科学观测网，2 个从弗雷泽三角洲延伸到佐治亚海峡的科学节点，布设该观测网的主要科学目的是研究海洋动力环流模式，大洋变化的修复，次级生产力对环境的反应，鲸的行为和声学污染，底栖生物群落的反应，海底稳定性、侵蚀和沉积，生态系统反应的早期预警等方面。该观测网在海底布设的仪器主要有温盐深仪导电（CTD）、O_2 传感器、声学多普勒流速剖面仪（ADCP）、浮游动物声学剖面仪、水听器、沉积物捕获器、照相设备和一些自主研制的仪器。

VENUS 通过岸基站连接水下科学节点，并通过岸站把数据传输到维多利亚大学数据和管理档案中心，其水下次级接驳盒，或称科学仪器接口模块（SIIM），通过次级电缆连接不同的传感器和仪器。NEPTUNE 的水下基础设施主要由 Alcatel-Lucent 公司设计、制造和安装，VENUS 的水下光缆由 Global Marine System 公司负责安装，OceanWorks 公司为这两个观测网提供了特殊的网络技术。

▶ 1.3　正在开展的研究计划[①]

ONC 的科学计划包括四大科学主题，每个主题都包括若干个关键科学问题。尽管 ONC 是区域性的，但是仍然可以吸引国际研究者。除海洋科学外，ONC 产生的大数据还可为计算机科学领域提供研究资料，为社会科学家提供数据产品。未来，ONC 将致力于为全球海洋资源可持续管理及人类海洋足迹研究提供科学支撑。目前，正在开展的研究计划涉及四个科学主题：了解人类在东北太平洋引起的变化，东北太平洋和沙利旭海的生命，海底、海洋和大气之间的联系，海底泥沙运动。

[①] http://www.oceannetworks.ca/science/science-plan/science-themes

1.3.1 了解人类在东北太平洋引起的变化[①]

海洋是地球气候系统的组成部分。海洋通过环流将热带地区的大量热量传递到两极地区，从而缓解了全球极端温度，使地球适合生物居住。海洋吸收大气中一部分由于人类活动产生的 CO_2，在降低全球变暖的速度方面发挥了重要作用，但同时也导致了海洋酸化。

在东北太平洋，科学家已经观察到海洋温度变化、溶解氧消耗和酸化对渔业的影响。因此，必须监测海洋变化，为决策者提供必要的信息，以确保海洋健康。

该科学主题涉及三个关键科学问题：第一，东北太平洋发生变化的幅度和速率是多少；第二，东北太平洋海洋生态系统如何应对海洋酸化的加剧；第三，沿海水域的氧气消耗如何影响生态系统服务。

1.3.2 东北太平洋和沙利旭海的生命[②]

进行有效的海洋管理的前提是了解海洋生物的多样性，以及从微生物、浮游动物到鱼类的分布和丰富性。利用这些信息并结合有关物种相互作用的知识，可以有助我们了解海洋健康和生态系统，以及生态系统对干扰的反应。对海洋生物的观察需要在尽可能广泛的尺度上进行，观察的范围从基因到物种，再到生态系统。如果需要了解生物多样性对生态系统功能的重要性，则需要了解物种的生存地、生境特征、在群落中的作用，以及生物多样性如何随着时间在群落、物种和种群水平上发生变化。研究深海鱼类群落和海底生物圈也有助我们理解地球生命的极限与起源，以及在太阳系内外存在的可能性。

该科学主题涉及六个关键科学问题：第一，东北太平洋的变化

---

① http://www.oceannetworks.ca/science/science-plan/science-themes/change
② http://www.oceannetworks.ca/science/science-plan/science-themes/life

对鱼类和海洋哺乳动物的影响；第二，底栖生物种群和群落对物理和生物干扰的反应；第三，海底及底栖生物地球化学过程的功能和效率；第四，是什么限制了海底生命；第五，微生物群落如何调节和响应低氧环境，且如何影响动物群落；第六，海洋运输过程如何影响东北太平洋的初级生产力。

1.3.3　海底、海洋和大气之间的联系[①]

加拿大海底科学观测网的观测范围包括各种海洋环境，如在活跃的海底扩张区域存在的火山活动和热液活动，在大陆斜坡带环境中存在的气体排放和海底天然气水合物排放，以及缺氧盆地、急流海峡及潮汐驱动的浊流。这些海洋环境和上方水体之间交换化学和生物成分，有些物质到达海洋—大气边界，会进一步发生复杂的相互作用。例如，降水和蒸发调节海洋盐度，海浪严重影响热量和气体交换，大气中沉积在海洋中的微粒改变海洋表面的性质，以及海洋向大气中注入微粒。

该科学主题涉及五个关键科学问题：第一，海洋地壳和海水之间的化学和热交换的机制和量级；第二，上层海洋过程以何种方式影响气溶胶的形成；第三，从海底到大气的甲烷通量有多大；第四，海洋地球工程减缓气候变化的优势和风险是什么；第五，加拿大沿海海洋环境如何受到气候变化的影响，如何更好地监测这些影响。

1.3.4　海底泥沙运动[②]

世界上最大的地震发生在近海俯冲带，如卡斯卡底古陆。当地

---

① http://www.oceannetworks.ca/science/science-plan/science-themes/interconnections
② http://www.oceannetworks.ca/science/science-plan/science-themes/seafloor-motion

面震动造成伤亡和基础设施损坏时，会直接影响社会的发展。地震和风暴引起的俯冲地震，以及海底滑坡中发生的垂直海底运动是引发海啸的最常见原因。科学家利用地质数据帮助预测这些大地震的复发间隔，但这种方式的不确定性太大，无法用来准确地预测。然而，一旦一个俯冲断层开始破裂，就可以通过分析地震仪记录的最初的地震 P 波，在更具破坏性的 S 波到达地表前几十秒发出警告，在破坏性海啸波到岸前半小时到前几小时之内发出警告。将海洋观测站的信息与陆地仪器结合起来建成最有效的预警系统，也是加拿大海底科学观测网积极参与的业务工作之一。

该科学主题涉及三个关键科学问题：第一，东北太平洋海底的物理状态与地震的关系；第二，如何提高对海啸速度和规模的预测的准确性；第三，调节弗雷泽河三角洲的水下滑坡的机制。

1.4 海洋观测

ONC 拥有世界领先的海洋观测站，为科学研究提供了技术支撑，这些观测站负责收集海洋的物理、化学、生物和地质方面的数据，并以前所未有的方式支持复杂的地球进程研究。ONC 具备独特的科学和技术能力，其分布在全球的丰富多样的生态系统仪器使研究人员能够接近实时地获得世界任何地方的数据。

1.4.1 海洋观测站

加拿大现有 2 个区域观测站、4 个社区观测站及 7 个岸站，以及 850km 的海底光缆、50 多个仪表平台、7 个移动平台、400 台仪器、5000 多个传感器，可以保证一年 365 天 24 小时不间断地监测。2006 年，萨尼奇海峡的金星观测站开始传回海量数据，包括 2600 万个 500TB 以上的文件，平均每天收集数据量约 280GB[①]。加拿大海洋观测站建设历程如图 1.1 所示。

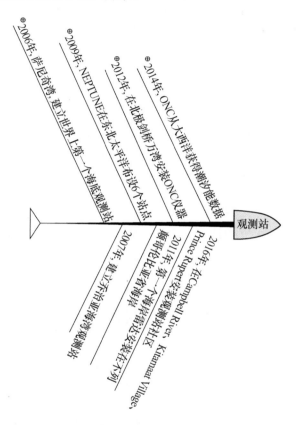

图 1.1　加拿大海洋观测站建设历程

加拿大海底科学观测网在北极剑桥湾部署了全年的实时连续观测，在剑桥湾安装了包括测量温度、氧气含量、盐度、海冰厚度、水下噪声和气象条件的多种类型的传感器；同时，还安装了一台水下摄像机，以提供剑桥湾海洋环境的录像，并编辑了一个岸上照相机的延时录像，用于观测北极的季节性变化。维多利亚大学负责获

---

① http://www.oceannetworks.ca/about-us

取 ONC 及当地社区的数据，为研究物理和生物过程对海洋生态系统的影响，以及监测极地地区的环境变化，特别是夏季海冰的损失、极端天气事件的增加和气候变化提供资料。

在东北太平洋，ONC 观察上涌水域的时间、强度、化学性质、营养和初级生产量。为了量化这些变化，ONC 利用安装在北太平洋东部的 pH 值和 PCO_2 值观测站，对水下温度、盐度、水流方向、强度、溶解氧分布进行长期连续记录。海王星观测站将阿尔伯尼港温哥华岛上的海岸站采集的数据，通过光缆传送到维多利亚大学。海王星观测站的基础设施是一个 840km 的光纤电缆环，有 5 个节点，每个节点都配备了一套不同的传感器，使研究人员能够研究在海洋环境中驱动地球动态海洋系统的地质、化学、物理和生物过程之间的相互作用。

ONC 的传感器安装在萨尼奇湾和格鲁吉亚海峡，包括维多利亚实验网络在内的海王星网络和金星网络，还有一些传感器安装在胡安·德富卡海峡。萨利希海提供了独特的海洋科学研究环境。萨尼奇湾是研究氧浓度影响生态系统变化的天然实验室。位于乔治亚海峡的弗雷泽河三角洲是一个理想的地点，可以研究为沉积物提供先决条件的海洋数据。安装在两个金星科学节点（分布在格鲁吉亚中部和东部海峡）的传感器能够测量影响斜坡稳定性的变量，并实时观察水下山体滑坡的情况。ONC 站点部署情况见表 1.2。

表 1.2　ONC 站点部署情况

站　　点	深度（m）	区　域	位　　置	监　测　内　容
Strait of Georgia	300	沙利旭海	内陆盆地	水、电流
Saanich Inlet	100	沙利旭海	峡湾	低氧、浮游生物、沉积物
Mill Bay	8	沙利旭海	海湾海岸线	海气边界、生物、近岸水性能

续表

站　点	深度（m）	区　域	位　置	监测内容
Prince Rupert	28	不列颠哥伦比亚省北海岸	不列颠哥伦比亚省沿海、迪格比岛、里德利岛	海岸、地表水流、波浪
Kitamaat Village	40	不列颠哥伦比亚省北海岸	不列颠哥伦比亚省沿海、Kitamaat	海岸、地表水流、波浪
Middle Valley	2400	东北太平洋	胡安·德富卡海岭北端的地震活跃地区	板块构造运动、地震、热液系统和生态系统
Folger Passage	20～100	东北太平洋	大陆架	海洋生物、陆地海洋相互作用、沿海的过程、浮游生物、鱼类、海洋哺乳动物和其他生物
Endeavour	2200～2400	东北太平洋	大洋中脊	板块构造运动、地震、火山、复杂地形、羽流动态、热液系统和生态系统
Clayoquot Slope	1250	东北太平洋	大陆斜坡	天然气水合物、海底流体和气体、Cascadia边缘、地震、深海生物
Cascadia Basin	2660	东北太平洋	深海平原	海洋地壳、水文地球海啸、深海平原、底栖生态系统
Barkley Canyon	400～1000	东北太平洋	陆架/坡折带、海底峡谷	天然气水合物、沉积物、上升流、浮游生物
Campbell River	6～10	温哥华岛	不列颠哥伦比亚海岸、坎贝尔河	海岸、地表水流
Cambridge Bay	0～8	北极	近岸、浅水	海冰、水、天气、生物、气候变化的相互作用

站　　点	深度（m）	区　域	位　　置	监测内容
Arctic Drifter Buoys	0～2	北极	达恩利湾、戴维斯海峡、迪斯海峡、富兰克林海峡、皮尔海峡、莫德皇后湾、维多利亚海峡	冰融运动、气候变化
Bay of Fundy	0～60	大西洋	芬迪湾	目前监测潮汐条件、气候变化。未来将监测流速、扫描声呐等

1.4.2　移动平台

（1）不列颠哥伦比亚渡轮。

ONC 在有利的天气环境下使用渡轮搜集海洋数据。在不列颠哥伦比亚省渡轮上安装传感器和气象基站，在温哥华岛和不列颠哥伦比亚省大陆之间的海域利用定期渡轮搜集数据。

（2）滑翔机。

滑翔机通过接收自动无人平台发送的任务搜集海洋数据。滑翔机的类型包括表面滑翔机和亚表面滑翔机。ONC 通过与加拿大渔业部门、海洋局合作执行滑翔机任务，并在智能海洋系统——海洋 2.0 上存储滑翔机数据。加拿大的滑翔机任务是探索位于西海岸的一个鲸栖息地。

（3）远程遥控潜水器。

远程遥控潜水器可进行视觉和声学调查、水性质测量并提取物理样品。远程遥控潜水器搜集的数据包括导航数据、海洋传感器数据和摄像头搜集的数据，这些数据也都在海洋 2.0 上存储。

（4）船舶。

船舶是服务海底科学观测网的基础设施，可进行视觉、声学、水质的监测。船载传感器搜集的海洋调查数据，如导航数据和声呐数据，都为海洋 2.0 提供了额外的研究数据。

1.5　加拿大海底观测技术——智能海洋系统

目前为止，人类了解海洋的途径非常少，监测技术一直受到科考船航行时间、天气、仪器和传感器的电池持续时间的限制。监测只提供了海底事件的少量的、周期性的快照，滑坡、火山爆发、小地震或突然变化等短期事件很少被发现或监测到。

智能海洋系统是科学和海洋监测研究范式的转变，它解决了传统技术的局限性，支持几十种监测连续地、秒次观测，通过互联网向所有用户开放，可供世界各地的研究人员、技术人员和用户进行测试和操作，以设计新的研究方向和产品。

1.5.1　传感器和仪器

传感器和仪器是智能海洋系统联系海洋世界的途径。ONC 的创新中心为新的传感器提供了一个测试平台，并为大型海底观测装置存储了可靠的跟踪记录。在传感器和仪器的开发和试用方面，加拿大的网络已经成为事实上的海底科学观测网的行业标准，为新的观测计划提供了可预测的速度和成本，并降低了测试风险。

1.5.2　观测设施——硬件系统

ONC 负责维护安装在世界海洋中的三个不同观测区域的多个观测站。这三个观测区域通过电缆系统相互连接，为海洋中的传感器提供电源和高带宽通信路径，并支持北极、NEPTUNE 和 VENUS 观测站的多地点仪器的实时观测。这些设施的主要组成部分是由 ONC 与全球海洋系统公司、国际海洋公司、阿尔卡特朗讯海底网络共同合作设计、制造和安装的。基础设施包括岸站、主干电缆、中继器、分支单位、节点、接线盒和仪器。

主要观测站（如海王星观测站）支持一个地区分布式的多个仪器的实时电缆观测，其主要部件包括主干电缆（用于电力和通信传输）、分支单元、支线电缆和主要网络节点。接线盒（通过扩展电缆和湿接头连接到网络节点）用于支持多个仪器平台、单个仪器和传感器。电力、通信和数据处理由岸站提供[①]。观测站安装结构概念图如图 1.2 所示。

图 1.2　观测站安装结构概念图

ONC 的数据中心位于维多利亚大学，该数据中心每天归档观测站连续采集的大量数据，海洋 2.0 提供对归档数据的访问，并允许技

① http://www.oceannetworks.ca/innovation-centre/smart-ocean-systems/ocean-observing-systems/large-scale-observatories

术人员、科学家和首席科学家通过网络工具配置和控制仪器。数据
中心的观测站系统分析员负责监测海底基础设施和仪器，并负责监
测和启动网络事件的自动响应。

ONC 设有岸站，为观测站提供电力和通信服务。岸站位于艾伯
尼港、西德尼、温哥华、不列颠哥伦比亚，负责提供大陆和 ONC 观
测站海底部分之间的连接。每个岸站都有动力输送设备，用于将公
用交流电转换为高压直流电。主干电缆根据主干电缆的长度提供
1200V 到 10000V 的直流电。岸站的网络设备包括路由器、开关、光
多路传输设备和精确网络时间同步设备。

许多仪器部署在海底的巨大的矩形框架上，统称为仪器平台。
仪器平台协同定位，用于在特定位置搜集不同类型的数据。在某些
情况下，人也可以充当仪器平台。例如，人携带一组仪器从不同采
样点采集数据。

水下三维摄像机组由许多不同定位的摄像机组成，用于海洋环
境的图像三维显示或合成。

1.5.3　数字基础设施——海洋 2.0

在加拿大海底科学观测网独特的数字基础设施产品中最重要
的就是智能海洋系统（以下简称"海洋 2.0"），该系统应用于驱动
全年不间断地采集、管理和分发大量多元化的海洋学数据。海洋 2.0
的核心价值不仅在于它能够更容易地访问复杂的资料，还在于其基
本设计时采用灵活性和扩展性的原则。海洋 2.0 不仅可以接纳不同
的仪器，而且还便于定制，从而可以满足各种终端用户的需求，如
支持核心研究、监视商务活动、紧急事件应对等[①]。

---

① http://dmas.uvic.ca/home

除重要的数据采集功能外，海洋 2.0 还提供存储、质量控制、校准和视觉化功能，以支持全球用户，并提供方便的界面，以处理其他与远距离监控观测站基础设施和仪器自身相关的任务。利用功能强大、高效、智能的数据处理和分析技术，海洋 2.0 不仅能够管理观测站产生的大量数据，而且可以挖掘新采集和存档的数据流用于分析趋势、内容分类、获取特征，并将原始数据转变为资料，以便为资料变为知识铺平道路。海洋 2.0 提供了一个巧妙的平台，该平台能够动态地、自主地响应不同自然条件下的大量传感器的相关的配置变化，并可适应经常性的仪器更替。

海洋 2.0 有如下几个主要特征。

（1）高效采集、归档和分发来自海底传感器网络的数据。

（2）为研究人员及其他用户（公众、教育机构等）提供近乎实时的数据。

（3）可作为互动管理及监视传感器和观测站基础设施的工具。

（4）可扩展性。海洋 2.0 能够支持成百上千种仪器，并可用来跟踪基础设施中任何地方发生的任何变化和任何事件。

（5）归档系统灵活且可扩展，支持海洋科学仪器中常见的各种数据类型，支持长时间的序列研究。

（6）其基础设施及其网络中的所有工具（数据访问、系统管理和配置）都以服务为导向进行架构。

（7）模块设计灵活，仅需安装单机所需的组件即可。

（8）海洋 2.0 利用 Web 2.0 技术提供了研究平台，用户能够与同行合作、互动，以便共同处理并可视化数据，建立观测日程，掌握事件自动检测和反应。

海底有缆观测网通常有非常复杂的、多种多样的装置，必须考虑多样化的仪器和数据，并提供"设备指挥和控制""数据采集""数据归档"和"分发"等基础服务。海洋 2.0 采用了面向服务的架构，从而保证了这些组件间通信和整合的最大的灵活性和机动性。在此架构上，海洋 2.0 提供了简洁的、准确界定的、以事件为驱动的、可插拔的系统。海洋 2.0 的关键组件见表 1.3。

表 1.3　海洋 2.0 的关键组件

组 件 名 称	角 色	功 能
企业服务总线	信息传递系统	支持海洋 2.0 所有部件互动并传递信息和数据
驱动程序管理器服务仪器界面	与仪器及其整合的传感器互动	仪器访问标准化，数据结构通用化，使下游其他软件组件可以利用
解析和校准	检验和质保	自动校准并标出超出范围的传感器数值
事件检测	针对实时事件的定制反应	完成"质量保证"和"质量控制"的评估，同步声音设备取样，防止干扰
数据档案	数据归档	接收仪器上的所有数据流量，并对其归档
数据处理	由原始数据生成数据产品	数据格式转换、绘制图及图像等
用户服务	数据访问和视觉工具的结合	通过智能设备或通过"网页服务"直接提供数据，无须人为介入，使数据可以共享

1.5.4　地震早期预警

2016 年 2 月，不列颠哥伦比亚省政府投资 500 万美元，用于支持加拿大 ONC 开发并安装地震预警系统[①]。

不列颠哥伦比亚省的地震预警系统于 2019 年 3 月前安装、测试并交付给不列颠哥伦比亚省应急管理中心。该系统为不列颠哥伦比亚省提供了一个预警系统，可为在卡斯卡迪亚俯冲带发生大型逆冲

---

① http://www.oceannetworks.ca/innovation-centre/smart-ocean-systems/earthquake-early-warning

地震提供预警。

与墨西哥的陆基传感器不同，不列颠哥伦比亚省的地震预警系统水下传感器部署在卡斯卡迪亚俯冲带的附近，具有位置上的优势，传感器越接近地震的震中，就越可以准确及时地提供预警。许多地震发生在卡斯卡迪亚俯冲带，胡安·德富卡和北美构造板块在此交汇，因此该俯冲带也称为卡斯卡迪亚断层，可能会发生像日本 2011 年那样的大地震。

目前还没有可靠的地震预测的方法，然而地震预警系统在地震来临之前能迅速探测到地震，并发出警报。

地震通过地震波向地球表面释放能量。原发性 P 波的传播速度比次发性 S 波的传播速度快。S 波可引发严重的地面震动。S 波到来之前，地震预警系统可以首先检测到 P 波并发出警报。

当地震发生时，许多传感器通过探测可以迅速地估计出地震发生的地点和震级。这些信息可以用来确定在一个区域内特定地点的地面震动的时间与强度，从而可以使人们在地震前采取保护行动。

地震预警系统的数据仪表板①是交互式的，可以显示温哥华岛附近和世界各地最近发生的地震。在地震学研究机构（IRIS）的网站上可获取最新的地震目录。该目录是从全球许多组织的数据和监测中搜集的。ONC 只选择被记录在加拿大海洋网络仪器上的、足够大的或足够近的地震数据。

地震预警系统依靠政府、学术界、各行业和社区的合作，包括 ONC、加拿大自然资源部、卑诗省应急管理部门、卑诗省英属哥伦比亚大学、美国地质调查局、美国华盛顿大学。

---

① http://www.oceannetworks.ca/data-tools/earthquake-data-dashboard?earthquakeid=
10406394

▶ 1.6　经费规模

目前，用于 ONC 的经费已超过 3 亿美元，经费主要来源、资助年份及规模见表 1.4。这些投资支持了海底科学观测技术的变革。沿海和深海环境的多学科综合研究，揭示了海洋变化的过程及其在全球范围内的影响[①]。

表 1.4　ONC 经费主要来源、资助年份及规模

经费主要来源	资助年份及规模
不列颠哥伦比亚省知识发展基金	2003 年资助 3050 万美元；2006 年资助 800 万美元
不列颠哥伦比亚省先进教育和劳动市场发展部	2008 年资助 440 万美元
加拿大创新基金会（CFI）	2003 年资助 3190 万美元；2006 年资助 800 万美元；2008 年资助 420 万美元
加拿大先进科研创新网络（CANARIE）	2006 年资助 110 万美元；2007 年资助 240 万美元；2008 年资助 139.7 万美元；2009 年资助 98 万美元；2014 年资助 400 万美元；2016 年资助 57.7 万美元；2017—2021 年每年资助 4660 万美元
IBM 加拿大公司	2014 年资助 1200 万美元
加拿大自然科学与工程研究理事会（NSERC）	2008 年资助 420 万美元
加拿大卓越中心网络（NCE）	2009—2014 年共资助 657.676 万美元
加拿大运输部	2014 年资助 2000 万美元
维多利亚大学	共资助 140 万美元
加拿大西部经济多样化（WEDC）	2005 年资助 180 万美元；2014 年资助 912.7 万美元

不列颠哥伦比亚省知识发展基金于 2003 年为海王星观测站提供了 3050 万美元的启动资金；2006 年追加了 800 万美元。不列颠

---

① http://www.oceannetworks.ca/about-us/annualReport2017

哥伦比亚省先进教育和劳动市场发展部 2008 年为 ONC 投入了 440 万美元启动资金。加拿大创新基金会（CFI）2003 年为海王星观测站提供了 3190 万美元资金；2006 年追加了 800 万美元；2008 年追加了 420 万美元。IBM 加拿大公司 2014 年在云计算基础设施、软件和服务技能培训方面资助了 1200 万美元，以支持"智能海洋"建设。加拿大自然科学与工程研究理事会（NSERC）2008 年为海王星观测站提供了 420 万美元的启动资金。加拿大卓越中心网络（NCE）2009—2014 年共资助 657.676 万美元用于建设 ONC 创新中心。加拿大运输部 2014 年资助 2000 万美元用于支持"智能海洋"系统。维多利亚大学是海王星观测站的主办机构，为该项目提供了广泛的支持，包括设施、行政、法律和通信支持及其他服务，共价值 140 万美元。加拿大西部经济多样化（WEDC）2005 年资助 180 万美元用于支持维多利亚大学的海洋科学与技术相关的项目；2014 年资助 912.7 万美元支持"智能海洋"，用于在坎贝尔河、基蒂马特、道格拉斯海峡、鲁珀特王子港、温哥华港安装水下观测站及高频雷达系统①。

加拿大先进科研创新网络（CANARIE）是资助最持续、资助金额最大的资助方，2006 年，为海王星观测站的软件开发提供了 110 万美元；2007 年，为海王星观测站在艾伯尼港海岸站与维多利亚大学间搭建数据回程线路提供 240 万美元；2008 年，资助 139.7 万美元用于发展海洋 2.0；2016 年 9 月，给予 ONC 57.7 万美元资助，用于 ONC 访问与处理已搜集的大数据。随着 ONC 观测数据规模的增长，科研界对工具的需求催生了 ONC 强大的在线数据管理系统——海洋 2.0。这次资助帮助海洋 2.0 在之前开发的技术的

---

① http://www.oceannetworks.ca/about-us/funders-partners/funders

基础上增加了两个新功能：（1）开放应用程序编程接口，允许用户通过 Web 服务高效地访问数据，通过高性能计算系统使集成更容易；（2）用户通过 Sandbox 在开放源码平台开发、共享数据处理程序。从 2017 年 1 月开始，CANARIE 连续 5 年，每年给予 ONC 4660 万美元的资助，以确保 ONC 继续保持在海底观测的科学技术方面的领先地位。目前，BC 海岸的观测社区、深海地震预警传感器、第一个 24/7 北极海底仪器平台在海底观测的科学设施方面全球领先。CANARIE 的连续资助确保了 ONC 在海底观测领域据有世界领先地位。

▶1.7　研究团队

ONC 学术带头人（见表 1.5）的作用是他们在各自的科学领域增加了 ONC 基础设施的科学产出和影响，为开发新的 ONC 基础设施研究计划发展战略的提供了建议[①]。

表 1.5　ONC 学术带头人

学术带头人	所 在 机 构	研 究 领 域
James Christian	维多利亚大学加拿大气候模拟和分析中心	人类在东北太平洋引起的变化
Jacopo Aguzzi	海洋科学研究所	东北太平洋和沙利旭海的生命研究
Laurence Coogan	维多利亚大学	海底、海洋和大气的相互联系
Pere Puig	海洋科学研究所	海底泥沙运动

① http://www.oceannetworks.ca/science/science-plan/science-theme-leaders

1.8 国际合作

1.8.1 ONC 运行机制

图 1.3 所示为 ONC 的组织管理框架①。ONC 董事会由来自加拿大学术界、政府部门和私营部门的 16 位国家认可的专家组成。董事会的主要职责包括确定关于 ONC 的所有政策、批准战略和管理计划、监督业务、核准预算、监测业绩并筹措资金。

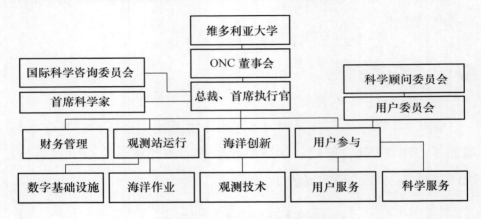

图 1.3　ONC 的组织管理框架

董事会的主要任务是与大学充分沟通，确保金星观测站和海王星观测站的正常运行。董事会与大学联合组成监督委员会，监督委员会的会员包括大学研究与财政副校长、董事会成员及董事长。

1.8.2 国际科学咨询委员会

ONC 通过聘请来自美国、英国、日本、澳大利亚和加拿大的 112 个高级海洋科学家组成国际科学咨询委员会，以进一步增强其国际

① http://www.oceannetworks.ca/about-us/organization

实力和国际联系。该委员会在 2011 年 6 月第一次举行会议，随后在每年举行两次会议。国际科学咨询委员会的主要职责是为国家和国际研究议程背景下科学优先项技术和政策问题提供建议；评价 ONC 研究的影响；帮助 ONC 实现其研究愿景、使命和目标。ONC 国际科学咨询委员会组成见表 1.6。

表 1.6　ONC 国际科学咨询委员会组成

委员所在国家	委员所在机构	委员所在学科领域
美国	俄勒冈州立大学	海洋研究
美国	南佛罗里达州大学	海洋生物学
美国	罗德岛大学	海洋
美国	马里兰大学	海洋环境
美国	夏威夷大学	海洋与资源工程
美国	华盛顿大学	应用物理
美国	伍兹霍尔海洋研究所	海底和海洋观测系统
美国	斯克里普斯海洋研究所	地球与行星物理
意大利	国家地球物理和地质力学研究所	地球科学
英国	国家海洋研究中心	海洋生物地球化学和生态系统
日本	东京大学	地球物理观测仪器地震研究
中国	同济大学	海洋与地球科学

国际科学咨询委员会要求观测站支撑的科学技术质量、研究产出都保持在尽可能高的水平上，并要求评估的广度、研究的高度和用户的数量，以及国际研究人员的参与，以抓住观测站创新的机遇。国际科学咨询委员会、科学顾问委员会及用户委员会于 2014 年春季合并为一个海洋观测站理事会。该理事会包括海岸、近海工作组和一个观测站规划工作组。理事会定期举行会议，会议内容包括就五年科学计划提出建议；制定数据和技术要求；确定仪器部署优先事项；审查试验进展；评估政策及其实施情况。

ONC 每年都组织海洋考察，并对海洋有缆观测站进行维护和升级。考察队伍是一支国际合作团队，合作伙伴分别来自全球海洋系统、德国不来梅大学、法国海洋开发研究院、美国海洋勘探信托、美国伍兹霍尔海洋研究所和美国华盛顿大学。考察队伍成员包括科学家、工程师、远程遥控运载工具操作人员、领航员、记者和船员。

▶1.9 加拿大海底科学观测网发展规划

2013 年，加拿大发布了《2013—2018 年发现海洋战略计划》[①]，2016 年，加拿大发布了《2016—2021年发现海洋战略计划》，两个计划聚焦相同的科学主题，包括：（1）了解人类在东北太平洋引起的变化；（2）了解在东北太平洋和沙利旭海的生命；（3）了解海底、海洋和大气之间的联系；（4）了解海底泥沙运动。2013—2018 年的计划共涉及 16 个关键的科学问题，2016—2021 年的计划共涉及 17 个关键的科学问题。ONC 五年发展规划演变见表 1.7。2013—2018 年的计划提出了海洋 2.0，2016—2021 年的计划在海洋 2.0 现有海底科学观测技术基础上，结合新的观测技术及数据管理系统，增加了智能海洋系统，扩展了公共安全网络、海洋安全网络、环境保护网络。其中，公共安全网络用于包括地震、水下滑坡、近场海啸在内的自然灾害预警；海洋安全网络通过监测和提供海况变化信息，定位海洋哺乳动物，规划船舶交通；环境保护网络用于获得关键领域的基线，提供科学决策信息，为管理操作和事故提供实时环境观测数据。

---

① http://www.oceannetworks.ca/sites/default/files/pdf/ONC_Strategic_Plan_2013-2018.pdf

表 1.7　ONC 五年发展规划演变

规　　划	《2013—2018 年发现海洋战略计划》	《2016—2021 年发现海洋战略计划》
愿　　景	成为世界领先的科技创新机构	为科学、社会和工业提供解决方案
主　要　目　标	（1）服务与发展用户社区； （2）提供可靠的基础设施； （3）通过商业化和新技术扩大创新	（1）争取成为国家和国际海洋科学不可或缺的组成部分； （2）继续开发和提供世界领先的海洋数据、产品和服务，成为学术和商业之间的桥梁； （3）扩大国家基础设施，拥有全国水下观测网络； （4）发展领导能力，成为一个吸引和保留优秀员工的团结一致的组织

1.10　加拿大海底科学观测网成果

1.10.1　数据产品

ONC 拥有几百个海洋环境监测仪器，ONC 采集的海洋物理、化学、生物和地质方面的数据量与哈勃望远镜相当，因此，将大量的高分辨率数据转化为有用的知识是 ONC 面临的严峻的挑战。海洋 2.0 是公认的目前最先进的海洋决策和管理工具。海洋 2.0 是一个多功能的在线工具，科学家可以访问和操作 ONC 通过数以百计的实时海洋和沿海传感器接收到的实时音频和视频数据[①]。用户定义海洋数据产品平台研究目标见表 1.8。

用户在海洋 2.0 的数据检索页面，可以根据位置来检索数据。目前，海洋 2.0 提供的数据来源见表 1.9，海洋 2.0 同时提供设备所在地理位置、设备硬件在海洋中的深度、设备硬件详细信息（包括设

---

① http://dmas.uvic.ca/DataSearch

备的一般描述、传感器、用电等级、数据等级、品牌、端口、物理特征、设备活动、事件、附加属性、工作流等信息）。

表 1.8　用户定义海洋数据产品平台研究目标

阶　段	时　间	目　标
第一阶段	2017 年 4 月	使研究人员能够通过专门设计的应用程序编程接口（API）简单而快速地访问数据产品
第二阶段	2017 年 4 月—2018 年 4 月	使研究人员能够在定制设计的编程环境中定义、测试、使用和共享用户定义数据集的处理代码（称为沙箱）。允许用户开发和研究自己的独特的算法，可实现所需数据的一键式过滤、排序、展示

表 1.9　海洋 2.0 提供的数据来源

地　区	位　置	数据来源
北极	剑桥湾、加斯科因海湾	岸站：气象站数据 水下网络：二氧化碳传感器、ADCP 1200 kHz、CTD（包括测量电导率、温度、海水压力的传感器）、荧光计
大西洋	芬迪湾	岸站：空气湿度传感器、大气压力传感器、降水量计、日射强度计、风监测系统 水下网络：温深记录器
移动平台	不列颠哥伦比亚渡轮、温哥华–杜克、温哥华–史瓦兹湾	移动平台：空气湿度传感器、大气压力传感器、磁航向、氧传感器、温度和电导率传感器、浊度、叶绿素和荧光计
太平洋	不列颠哥伦比亚北海岸：查塔姆湾、迪格比岛、道格拉斯海峡 东北太平洋：巴克利峡谷、卡斯卡迪亚盆地、克雷欧克坡、奋进号、福尔杰海峡	岸站：气象站数据 水下网络：CTD（包括测量电导率、温度、海水压力的传感器）、荧光计、氧传感器、海洋雷达系统［CODAR SeaSonde 25MHz VDIG（23870）］等

续表

地　区	位　　置	数　据　来　源
太平洋	沙利旭海：迪斯卡弗里海峡、萨尼奇湾、乔治亚海峡 温哥华岛：班菲尔德、丘科特、艾伯尼港、奎特拉岛、塔西斯、尤克卢利特、泽巴勒斯	岸站：气象站数据 水下网络：CTD（包括测量电导率、温度、海水压力的传感器）、荧光计、氧传感器、海洋雷达系统［CODAR SeaSonde 25MHz VDIG（23870）］等

1.10.2　数据的质量控制与管理

ONC 努力实现高标准质量控制的监测数据和报告。海底科学观测网亟须具备快速、准确的评估数据质量的能力。加拿大海底科学观测网正在实现输入数据的实时质量控制，目的是符合实时海洋数据质量保证（Quality Assurance of Real Time Oceanographic Data，QARTOD）规则。QARTOD 是美国制定的，用于处理来自美国的综合海洋观测系统（IOOS）的实时数据的识别问题，目的是确定实时数据质量并制定向科学界报告的指南。ONC 正努力坚持 QARTOD 的"七个数据管理规则"，以为科学界提供可靠的数据[①]。

QARTOD 的"七个数据管理规则"如下。

（1）每个供给海洋科学界的分布式实时观测必须有质量描述符。

（2）所有的观测都要经过一定程度的自动化实时质量测试。

（3）元数据必须充分描述质量标志和质量测试说明。

（4）在部署之前，观测者应独立验证或校准传感器。

（5）观测者应该在提供实时元数据时描述他们的校准方法。

（6）观测者应该量化校准精度等级和相关的预期误差范围。

---

① http://www.oceannetworks.ca/data-tools/data-quality

（7）观测者在适当的时间尺度上，必须提供对自动化程序的手动检查、完成实时数据的收集、观测系统的状态，以确保观测系统的完整性。

▶ 1.11 加拿大海底科学观测网研究学科态势分析

加拿大海底科学观测网是目前国际上规模最大、技术最先进的综合性海底长期观测网。通过 WOS 检索与人工清洗相结合，遴选与加拿大海洋观测高度相关的研究论文，利用文献计量、文本挖掘与聚类分析的方法，分析加拿大海洋观测的发文趋势、国家/地区分布及合作、机构分布及合作、研究领域及交叉、主题热点等问题，可以深度揭示加拿大海洋观测的发展态势，从而可以为我国海洋观测研究与海洋观测基础设施建设提供有价值的参考。

本书以科睿唯安公司的 Web of Science 核心合集作为数据源，以与加拿大海洋观测高度相关的论文为分析对象，通过在 Web of Science 核心合集利用［（"ocean net* Canada"）OR（（NEPTUNE OR VENUS）and（coast* or ocean or sea or canada or network）NOT（planet* or mars or protein or drug or Nephrotic Syndrome Study or "Neptune grass" or "Bulk Fill" or VGAT-Venus or "atmosphere of Venus"））OR（"Oceans 2.0"）］进行主题检索，选择 2006 年至 2017 年 12 月 31 日的文章，再排除 Web of Science 中类别为 ASTRONOMY ASTROPHYSICS 与 ENGINEERING AEROSPACE 的文章，利用 ONC 网站提供的文章列表（http://www.oceannetworks.ca/science/publications/academic）进行标题检索，将以上检索结果进行合并。经过人工清洗，共遴选论文 209 篇，再利用文本挖掘方法提取题名、摘要及关键词信息，并利用这些信息对每篇论文进行主题标引，利

用文献计量法对发文趋势、国家/地区分布、主要研究机构、主题词进行统计分析，利用聚类分析法对国家合作网络、主要机构合作网络、研究领域、主题热点进行分析与揭示。

1.11.1　发文年代趋势分析

2006 年，维多利亚大学在 *SCIENCE* 上发表了第一篇基于 ONC 观测数据的论文——《基于观测开展海口生物引发的湍流的研究》；2007 年，维多利亚大学发表《建立全球第一个区域电缆海洋观测站（海王星观测站）》。这两篇论文代表了两类研究方向，一类是关于 ONC 基础设施建设的研究，另一类是基于 ONC 观测数据的研究。

2006—2017 年 ONC 发文量的年代变化趋势如图 1.4 所示。

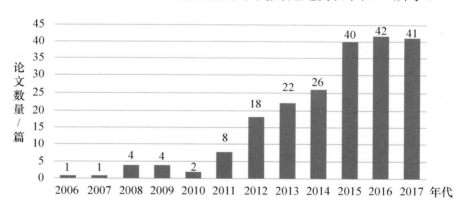

图 1.4　2006—2017 年 ONC 发文量的年代变化趋势

从两类论文发文量的年代变化趋势（见图 1.5）看，自 2011 年开始，ONC 主题的论文的发文量进入增长阶段，且增长主要体现在 ONC 观测数据的研究方面。2012 年后，关于 ONC 基础设施建设的研究的论文发文量比 2012 年前略有增多，且基于 ONC 观测数据的研究的论文也逐渐增多。

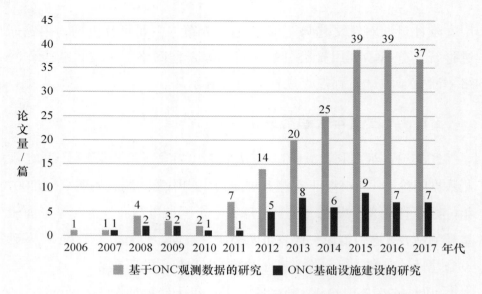

图 1.5　2006—2017 两类论文发文量的年代变化趋势

1.11.2　发文国家/地区

从发文国家/地区分布来看（见表 1.10），加拿大是关于 ONC 论文的最主要的发文国，其次是美国及欧洲各国，从全球来看，北半球的发文量较多，南半球的发文量相对较少，这与 ONC 网络主要部署在北太平洋有关。

表 1.10　ONC 论文的国家/地区分布

国家/地区	发文量（篇）	国家/地区	发文量	国家/地区	发文量	国家/地区	发文量
加拿大	143	英国	11	比利时	2	伊朗	1
美国	53	日本	5	新西兰	2	爱尔兰	1
德国	15	中国	4	葡萄牙	2	波兰	1
意大利	15	以色列	4	巴西	1	中国台湾地区	1
西班牙	15	挪威	4	丹麦	1		
法国	12	澳大利亚	3	希腊	1		
俄罗斯	11	瑞士	3	印度	1		

通过分析国家/地区合作可以看出，加拿大与美国的合作是最多的，德国、意大利、西班牙、法国等欧洲国家与加拿大、美国的合作也较多。

1.11.3　主要研究机构及合作网络分析

从发文量排名前 10 位的机构来看（见表 1.11），2006—2017 年，在关于 ONC 的论文发文量排名前 10 位的研究机构中，4 家来自加拿大，4 家来自美国，1 家来自法国，1 家来自俄罗斯。这些研究机构由科研院所和大学组成。维多利亚大学作为 ONC 的主要研发单位，其发文量最多，加拿大地质调查局与美国华盛顿大学并列第二。

表 1.11　2006—2017 年关于 ONC 的论文发文量排名前 10 位的机构

排名	主要研究机构	国家	发文量/篇
1	维多利亚大学	加拿大	77
2	加拿大地质调查局	加拿大	18
3	美国华盛顿大学	美国	18
4	加拿大渔业与海洋局	加拿大	13
5	海洋科学研究所	加拿大	12
6	俄罗斯科学研究院	俄罗斯	9
7	罗格斯州立大学	美国	9
8	伊弗雷默	法国	8
9	孟菲斯大学	美国	8
10	NOAA	美国	8

维多利亚大学不仅发文量最多，而且合作范围比较广泛，它与加拿大地质调查局、加拿大渔业与海洋局、加拿大纽芬兰纪念大学等合作较多。美国华盛顿大学是另一个发文量较多和对外合作比较密切的机构，主要合作机构有罗格斯州立大学、维多利亚大学、伍兹霍尔海洋学研究所、美国国家海洋和大气管理局、加州大学圣克鲁兹分校、蒙特利湾水族馆研究所、马萨诸塞州大学、渥太华大学等。此外，加拿大海洋科学研究所与俄罗斯科学研究院、美国国家

海洋和大气管理局、维多利亚大学的合作也比较密切。

1.11.4　领域及交叉领域分析

根据发文学科领域分析，与 ONC 有关的发文主要集中于两类，一类论文探讨 ONC 基础设施建设的研究，另一类论文探讨基于 ONC 观测数据的研究。ONC 基础设施建设的研究所涉及的领域主要集中在工程学、声学、听力学与语言学、电信、计算机科学、仪器与仪表、能源与燃料、物理、遥感、成像科学与摄影技术、光学、机器人等。其中，在计算机科学、电信、遥感、成像科学与摄影技术方面有交叉研究，在声学和听力学与语言学方面有交叉研究，在仪器与仪表、电化学、核科技、物理、机械方面有交叉研究。

基于 ONC 观测数据的研究领域主要集中在海洋学、地球化学与地球物理学、工程学、地质学、海洋和淡水生物学、环境科学与生态学、气象学与大气科学、生物多样性与保护、微生物学、生物化学与分子生物学、生物技术与应用微生物学等方面。其中，海洋学、地质学、环境学、海洋和淡水生物学、气象学与大气科学、生物多样性与保护、古生物学、进化生物学的交叉研究较多。

1.11.5　发文主题分析

通过对论文标引的主题信息进行词频统计分析，ONC 基础设施建设研究的高频主题词见表 1.12。

表 1.12　ONC 基础设施建设研究的高频主题词

基础设施建设研究	高频主题词
科学仪器	互操作性、交互式仪表控制、电缆开关、仪器的生命周期、有线观测台、海底电缆站
传感器	活动建模、活动识别、自适应检测、自动图像分析、图像标注、成像声呐、成像技术、图像增强、被动声学监测、频谱划分、水下成像、水下视频、视频注释、单波束声
数据管理	数据存取协议、数据质量控制、数据存储、数据可视化

对基于 ONC 观测数据的研究论文进行主题聚类分析，共形成 6 个聚类簇，这些聚类簇主要反映研究地点与科学主题。其中，研究地点集中在东北太平洋、沙利旭海、北极地区，具体地点包括加拿大水域、加利福尼亚、不列颠哥伦比亚、白令海峡、楚科奇海、巴伦支海等。其中，关于加拿大水域的研究较多，这些研究主要涉及人类活动引起的东北太平洋变化主题与东北太平洋和沙利旭海的生命主题，包括有机碳、二氧化物、气体交换、波能、生物扰动、反硝化作用、热场、热液喷口、内潮波、浮游植物、浮游动物等。

美国地区的研究主题主要集中在海底、海洋和大气之间的相互联系，包括海洋边界层、大气环流、气候变化等。其中，关于气候变化的研究最多，且与各聚类簇交叉最多，包括海洋温度变化、海洋酸化、溶解氧消耗、海洋运输过程、初级生产力等。海洋保护区、海洋管理类的研究主题主要集中在加利福尼亚地区，包括物种灭绝风险、底栖生物、底栖通量、鲸类动物、生态指标、生态脆弱性、生境补偿、恢复能力、渔业管理、渔业法、政策等。这些研究主题主要涉及东北太平洋和沙利旭海的生命。

此外，还有少量关于北部森林、土壤湿度、农业相关的研究主题，以及海啸监测、海啸预警、2010 年智利海啸、2011 年日本东北地震、2012 年海达瓜依地震和海啸、海底潮汐加速度等方面的研究主题。

1.11.6　高被引论文分析

在 TOP10 高被引论文（见表 1.13）中，引用率最高的论文为加拿大不列颠哥伦比亚大学的 Hallam, SJ 团队于 2012 年在 *NATURE REVIEWS MICROBIOLOGY* 上发表的论文。在 TOP10 高被引论文中，维多利亚大学与华盛顿大学分别占两篇，此外，日本东京大学、苏格兰圣安德鲁斯大学、以色列海洋环境大学、西班牙海洋科学研究所的论文也具有一定影响力。

　　TOP10 高被引论文中有 9 篇是基于 ONC 的观测数据的研究的论文，1 篇是关于 ONC 建设的研究的论文。基于 ONC 的观测数据的研究热点包括海洋缺氧地区微生物生态、海口生物湍流、利用沉积物捕集进行甲藻孢囊通量研究、异常海洋条件有关的海岸有害藻华、地震引发海啸对浅海软底环境和巨型底栖生物群的干扰、人为噪声对海洋生物的影响、鱼类活动、海洋沉积物再悬浮和有机质再矿化机制、深海活动节律——时间生物学。

　　基于 ONC 建设的研究包括太平洋胡安·德富卡海岭高功率、高带宽电缆观测站。

表 1.13　TOP10 高被引论文

被引次数	题　名	作　者	作者地址
151	Microbial ecology of expanding oxygen minimum zones	Hallam,SJ	University of British Columbia
69	Observations of biologically generated turbulence in a coastal inlet	Kunze,E	University of Victoria
45	An unprecedented coastwide toxic algal bloom linked to anomalous ocean conditions	McCabe,RM	University of Washington
45	Disturbance of Shallow Marine Soft-Bottom Environments and Megabenthos Assemblages by a Huge Tsunami Induced by the 2011 M9.0 Tohoku-Oki Earthquake	Seike,K	University of Tokyo
43	Endeavour Segment of the Juan de Fuca Ridge：One of The Most Remarkable Places on Earth	Kelley,DS	University of Washington

续表

被引次数	题　名	作　者	作者地址
40	High-resolution sediment trap study of organic-walled dinoflagellate cyst production and biogenic silica flux in Saanich Inlet （BC, Canada）	Price,AM	University of Victoria
40	Impacts of anthropogenic noise on marine life: Publication patterns, new discoveries, and future directions in research and management	Williams,R	University of St Andrews
34	Fish activity: a major mechanism for sediment resuspension and organic matter remineralization in coastal marine sediments	Yahel,G	Sch Marine & Environm Sci
32	Activity rhythms in the deep-sea: a chronobiological approach	Aguzzi,J	Inst Ciencias Mar ICM CSIC
32	Sedimentary processes and sediment dispersal in the southern Strait of Georgia, BC, Canada	Hill,PR	Geol Survey Canada

（撰稿人：王辉，中国科学院文献情报中心，中国科学院大学经济与管理学院图书情报与档案管理系）

第 2 章
美国海底科学观测网

▶2.1　美国海底科学观测网发展历史

　　自 1949 年美国海军开展"声波监听系统"（SOSUS）项目开始[①]，至今美国已开展过十余项海底科学观测网项目。20 世纪 90 年代后，美国主要推进两项海洋观测计划，即由国家海洋大气局（NOAA）支持的"整合海洋观测系统"（IOOS），以及国家科学基金委员会（NSF）支持的"海洋观测站计划"（OOI）。

　　IOOS 旨在整合美国各地已经建立的近海观测系统，从而对观测计划、数据管理等进行集中协调和管理。IOOS 于 2010 年 11 月正式发布计划书[②]，该计划书中指明该系统的美国国内部分由 11 个子系统组成，该系统的国际部分属于联合国政府间海洋学委员会（IOC）、世界气象组织等发起的全球海洋观测系统（GOOS）的一部分。

　　OOI 是一项大型科学基础设施建设计划，于 2009 年获得预算，在 2009 年 9 月至 2014 年进行了建造，该系统包括三大组成部分（区域网、近海网和全球网），建造总成本约为 3.86 亿美元。2016 年 6

---

① https://fas.org/irp/program/collect/sosus.htm
② https://ioos.noaa.gov/about/ioos-history/

月，NSF 宣布在 OOI 的 7 个站点的 900 多个传感器上成功采集实时数据，目前 OOI 的年度运行预算为 5500 万美元[①]。

早期的美国海底科学观测网项目包括美国海军的声波监听系统（SOSUS，1949 年）；美国海军的海洋监视信息系统（OSIS，20 世纪 70 年代）；长期生态系统观测站（LEO-15，1994 年）；夏威夷海底地质观测台（HUGO，1997 年）；夏威夷-2 观测站（H2O，1998 年）；东北太平洋时间系列海底网络实验（NEPTUNE，1998 年）；玛莎葡萄园岛海岸观测系统（MVCO，2001 年）；持久性近岸水下监测网络（PLUSNet，2006 年）；Kilo Nalu 观测系统（2007 年）；蒙特利加速研究系统（MARS，2009 年）等，这些项目的发展基本情况见表 2.1。

表 2.1　美国海底科学观测网发展基本情况

开始时间	英文简称	中 文 全 称	机 构	用 途
1949	SOSUS	声波监听系统	美国海军	监听潜艇、海底观测、海底地震监测等
1970s	OSIS	海洋监视信息系统	美国海军	监听潜艇等
1994	LEO-15	长期生态系统观测站	罗格斯大学	缆系海底观测系统、海洋环境观测
1997	HUGO	夏威夷海底地质观测台	夏威夷大学	火山、生物和地球化学等方面的科学研究
1998	H2O	夏威夷-2 观测站	美国地震学合作研究协会（IRIS）、夏威夷大学等	海底地震观测系统

① http://www.nature.com/news/massive-ocean-observing-project-launches-despite-turmoil-1.20031?WT.mc_id=TWT_NatureNews

续表

开始时间	英文简称	中文全称	机　构	用　途
1998	NEPTUNE	东北太平洋时间系列海底网络实验	美国华盛顿大学、伍兹霍尔海洋研究所（WHOI）、加拿大维多利亚大学等	对海底板块的洋流、温度、化学物质的变化，以及海底的生物情况等进行长期连续的实时原位监测
2001	MVCO	玛莎葡萄园岛海岸观测系统	伍兹霍尔海洋研究所（WHOI）	近岸海洋物理变化过程
2006	PLUSNet	持久性近岸水下监测网络	美国海军研究局	利用移动平台自适应地处理和加强对浅水区，尤其是西太平洋地区的低噪声柴电潜艇进行侦察、分类、定位和跟踪
2007	Kilo Nalu	Kilo Nalu 观测系统	夏威夷大学	近岸生物化学等方面的科学研究
2009	MARS	蒙特利加速研究系统	蒙特利湾水族馆研究所	美国和加拿大深海海底观测网络设备的主要试验场所
2009	IOOS	整合海洋观测系统	国家海洋大气局（NOAA）	协调全国主干系统和地区子系统，进行海洋现场观测、数据管理和分发的全国性整合
2009	OOI	海洋观测站计划	国家基金委员会（NSF）	形成交互式的、全球分布的、综合性观测网，对发生在全球海洋中复杂的、具有内在联系的、物理学、化学、生物学和地质及相关过程方面问题进行研究

▶ 2.2　科学目标

2.2.1　IOOS 科学目标

IOOS 的科学目的是整合美国对海洋现场的观测，对观测数据的管理和分发，综合协调美国各地已经建立的近海观测系统，而并非仅限于兴建一套新的观测设施。IOOS 的科学目标可通过其"愿景"（Vision）和"任务"（Mission）综合反映[①]。

IOOS 的"愿景"是建立一个完全一体化的海洋观测网络，使 NOAA 及其合作伙伴能够通过改善生态系统，以及增强对气候的理解，从而加强对海洋生物资源的可持续利用，改善公共卫生和安全，降低自然灾害和环境变化的影响，加强对海洋贸易和运输的支持，最终为国家提供服务。

IOOS 的"任务"是与联邦和非联邦合作伙伴合作，实现海洋、沿海和大湖观测能力的一体化，最大限度地获取数据和产生信息产品，为决策者提供信息，从而促进经济增长、环境改善和实现社会效益。

2.2.2　OOI 科学目标

OOI 是一个由科学驱动的平台和传感器系统组成的综合基础设施计划，用于测量从海底到海空界面的物理、化学、地质和生物特性及相关过程[③,④]。OOI 旨在解决关键的科学驱动问题，以便使人类更好

---

① https://ioos.noaa.gov/about/about-us/

② http://oceanobservatories.org/

③ http://oceanobservatories.org/

④ 王春谊，李芝凤，吴迪，等. 美国海洋观测系统分析[J]. 海洋技术学报，2012（31）：90-92.

地了解和管理海洋，从而增强人类解决气候变化、生态系统的变化、海洋酸化和碳循环等关键问题的能力。

OOI 的主要科学目标是[①]通过完整的观测和计算设施了解所有尺度的海洋过程，如海洋盆地到潮汐盆地、海底到地表、波浪和分层营养层等。需要 OOI 能够发现和跟踪瞬态和局部现象，许多过程的短期性质需要高速测量的反应性控制，而大规模现象必须在几个月、几年或几十年的时间范围内进行一致性测量。

▶2.3　科学主题及计划

2.3.1　IOOS 科学主题及计划

IOOS 的科学主题及计划[②]如下。

（1）海洋观测。IOOS 通过浮标、船舶、水下航行器、卫星和雷达系统等工具，在水中、陆地、空中和太空中采集海洋和沿海数据。

（2）数据管理与通信。IOOS 将使数据兼容、易于访问，从而节省用户的时间和资金。IOOS 数据集成框架将通过构建和调整相关标准如测量单位、数据格式、用户搜索和检索数据、传感器描述等来实现这一目标。

（3）建模与分析。IOOS 将综合数据转化为预测和模型，以改善系统天气和自然灾害的能力，增强跟踪污染能力，为海洋、沿海和大湖建立更大的模拟图景。

---

① http://oceanobservatories.org/major-science-themes/
② https://ioos.noaa.gov/wp-content/uploads/2016/04/safety_economy_environment_brochure.pdf

2.3.2　OOI 科学主题及计划

OOI 的科学主题及计划包括 6 个方面[①]。

（1）海洋—大气交换。

量化海洋—大气能量和气体交换，特别是在大风（风速高于 20m/s）期间，对研究地表和深海之间的能量和气体交换，以及研究风暴预报、气候变化模式至关重要。

（2）气候变化、海洋循环和生态系统。

了解气候变化如何影响海洋环流、天气模式、海洋生化环境、海洋生态系统。

（3）湍流混合和生物物理相互作用。

了解湍流混合在海洋中的物质转移，以及在海洋与大气之间的能量和气体交换中起到的关键作用。海洋中的水平和垂直混合可以对各种生物过程产生深远的影响。

（4）沿海海洋动力学与生态系统。

沿海是各种动态和非均匀过程（包括人类对自然影响）的发生地，往往存在强烈的物质和能量相互作用，这对于理解和管理在不断变化的气候中改善沿海资源具有独特挑战。

（5）流体—岩石相互作用和海底生物圈。

许多海底的及所有海底下方的生态系统与地壳和海洋深处之间的能量及物质交换密切相关。

（6）板块地球动力学。

海底或海底之下的板块边界的岩石运动和相互作用属于短暂事件，如地震、海啸和火山喷发等。

图 2.1 所示是 OOI 电缆阵列计划（OOI Cabled Array Program）和华盛顿大学环境可视化中心发布的 OOI 科学主题示意。

---

① http://oceanobservatories.org/major-science-themes/

图 2.1　OOI 科学主题示意

▶2.4 正在开展的研究计划

2.4.1 IOOS 研究计划

目前，IOOS 在国际上参与了全球海洋观测系统（The Global Ocean Observing System，GOOS），该系统在美国国内包括 11 个子系统，包括五大湖观测系统（GLOS）、东北近海区域观测系统（NERACOOS）、大西洋近海中段区域观测系统（MACOORA）、东南近海区域观测系统（SECOORA）、加勒比区域观测系统（CaRA）、墨西哥湾近海区域观测系统（GCOOS）、南加州近海区域观测系统（SCCOOS）、中北加州近海区域观测系统（CeNCOOS）、西北联网海洋观测系统（NANNOS）、阿拉斯加海洋观测系统（AOOS）、太平洋诸岛整合海洋观测系统（PacIOOS）。

据美国"整合海洋观测系统"（IOOS）网站 2017 年 9 月 6 日报道，IOOS 在 2017 财年继续开展"海洋技术转型"（OTT）项目，并资助了通过海洋观测改善社会公共卫生、海洋渔业运营效率、风险管理的三项研究项目，资助总金额为 130 万美元。这三项研究项目分别如下[①]。

（1）缅因州龙虾基金会（The Gulf of Maine Lobster Foundation）利用商业渔船搜集海洋数据的项目。

该基金会将与 NOAA 东北渔业科学中心、美国 IOOS 东北沿海和海洋观测系统协会、渔民科学研究会、岛屿研究所（Island Institute）、商业渔业研究基金会、伍兹霍尔海洋学研究所合作，在

---

① https://ioos.noaa.gov/news/ott_fy17/

商业渔船上共安装 36 个实时传感器来搜集海洋数据（包括温度和深度等数据）。缅因州研究所（The Gulf of Maine Research Institute）将支持数据管理和可视化工作。该项目完成后将大大增加渔业社区使用底部温度数据（bottom temperature data）的可用性，以提高捕鱼量。该项目也有望提高当地研究海洋循环模型的人员、国家气象局和美国海岸警卫队的预测能力。该项目为期两年，在第 1 年该项目的资助金额为 39.9423 万美元。

（2）加利福尼亚大学圣克鲁斯分校（UCSC）海洋科学系评估 IOOS 观测能力的项目。

目前的海底科学观测系统中既包括卫星观测（海洋表面性质，如海面温度、海面高度和海洋颜色等），也包括原位观测（主要由 IOOS 及 IOOS 区域协会管理和维护）。通过与美国 IOOS 中的北加利福尼亚沿海和海洋观测系统、太平洋岛屿海洋观测系统、大西洋沿海和海洋观测系统区域协会、夏威夷大学、罗格斯大学、RPS ASA 公司的合作，该项目将重点推进区域海洋建模系统（Regional Ocean Modeling System）的四维变化数据同化系统的诊断工具的开发工作，以评估 IOOS 观测对分析和预测的影响。这些评估涉及海洋、沿海和大湖观测的产品开发和数据管理。该项目将提供一种全新的独特的方式用于分析 IOOS 系统的观测资产，以实现观测系统资产和技术优先排序，从而提高 IOOS 投资的整体运营效率。该项目为期 3 年，该项目第 1 年的资助金额为 41.4855 万美元。

（3）大湖观测系统（Great Lakes Observing System）研究有害藻类公共卫生和环境问题的项目。

一般来讲，有害藻类（HAB）和淡水中的蓝藻有害藻华

（Cyanobacterial Harmful Algal Blooms，cHAB）是全球性的公共卫生和环境问题。该项目将部署环境样品处理器，以帮助从伊利（Erie）湖到俄亥俄州的水厂和其他区域的利益相关者，在藻类毒素到达饮用水取水口前，加强对微囊藻毒素（Microcystin Toxin）测量数据的搜集和分析。该项目还将更新伊利湖 HAB 数据门户（Lake Erie HABs Data Portal），以改善实时运行的传感器网络，以及伊利湖中的研究取样监测网络中 HAB 数据的分布情况，并将信息提供给供水计划管理人员和决策者。该项目的合作伙伴包括 NOAA 大湖环境研究实验室、沿海环境卫生与生物分子研究中心、LimnoTech 公司、克利夫兰水联盟（Cleveland Water Alliance），以及该地区众多大学和水务公司。该项目为期 3 年，该项目在第 1 年的资助金额为 71.4 万美元。

2.4.2　OOI 研究计划

OOI 作为一项海洋观测基础设施建设计划，内容涵盖四个部分。

（1）区域网建设。主要承担单位是华盛顿大学，负责大西洋 Pioneer 列阵的建设。

（2）近海网建设。主要任务是太平洋 Endurance 列阵的建设。

（3）全球网建设。主要任务是阿拉斯加湾、Irminger 海、南大洋、阿根廷盆地的观测设施建设。近海网和全球网任务的承担单位包括 WoodsHole 海洋所、俄勒冈大学、Scripps 海洋所、Raytheon 公司等。

（4）数据网络化。主要承担单位是南加州大学，负责"网络基础设施"（cyber-infrastructure）的构建和维护。

　　2017年3月1日,美国伍兹霍尔海洋研究所(Woods Hole Oceano-graphic Institution,WHOI)报道,NSF宣布选择一个新的"长期生态研究"(LTER)站点项目,该项目将利用玛莎葡萄园岛海岸观测站(MVCO)和海洋观测站计划(OOI)搜集的观测数据,在阿拉斯加湾建立一处新的海岸观测站,并命名为"东北美国大陆架–LTER"(NES-LTER)[①]。"东北美国大陆架–LTER"(NES-LTER)观测站示意如图2.2所示。

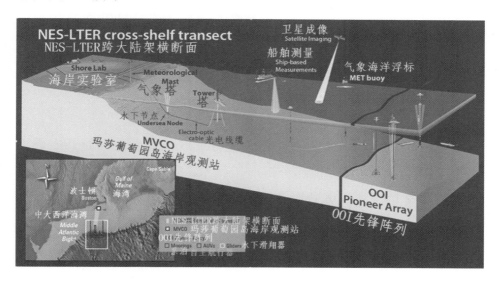

图 2.2　"东北美国大陆架–LTER"(NES-LTER)观测站示意

　　NES-LTER的站点将跨越大陆架,与MVCO的站点相互连接。NSF海洋科学处处长Rick Murray认为,这些站点都位于商业捕鱼量很大的地区,涉及海岸工业,从这些站点搜集的数据可以帮助人们研究海洋天气、气候、生态系统等。

---

① A New Long-Term Ecological Research Site Announced for the Northeast U.S. Shelf2017.3.1 http://www.whoi.edu/news-release/NES-LTER

NES-LTER 还将填补在海洋物理环境与浮游生物食物网之间相互联系方面的研究空白。NES-LTER 科学小组将每年进行四次研究巡航，使用先进的自动化设备（包括成像系统）评估浮游植物和浮游生物种群，并测量和跟踪生物体内生产的气体。他们还将搜集浮游生物进行 DNA 测序。这些研究有助于更好地了解物理和生物系统之间的相互作用，以及生态系统中从浮游植物到鱼类的能量流动，并分析食物网络的结构和转变对环境变化的响应。

该项目在 5 年内的总预算为 600 万美元，由 WHOI 负责管理。该项目将以 6 年为一个周期进行更新。

▶ 2.5 美国海底观测技术

对于 IOOS 和 OOI 两项计划而言，IOOS 的主要方向是开发数据的管理和通信，以及模拟和分析应用技术，包括观测数据的标准化、数据的同化和管理，以及在观测数据的基础上进行数值模拟与研究分析等；而 OOI 作为以硬件开发和基础设施构建为主的计划，主要关注开发新的传感器和观测技术。本节将主要介绍 OOI 的海底观测技术。

2.5.1 美国海底电缆技术

电缆阵列将电力从陆地传输到海洋，并在 OOI 运营者和海底平台仪器之间提供双向通信。目前，OOI 从海岸站（Shore Station）到位于俄勒冈新港（Newport Oregon）附近的海底节点（最深 3000 m）之间的电缆可提供高达 10 kW 的功率和 10 Gb/s 的带宽[1]。

---

[1] http://oceanobservatories.org/marine-technologies/cabled-technology/

海底电缆技术的主要基础设施包括 Backhaul 系统（提供从海底节点到岸站的互联网连接）、供电设备、主干电缆、主节点（Primary Node，用于延长电缆的配电中心）等。

OOI 电缆网络中有 7 个主节点，每个主节点都有一个中压转换器，可将 10 kVdc 初级电压转换为 375 Vdc 电压。电源（375 V）和通信（1 GbE）通过主节点分配到二级基础设施（中低功率节点）上。此外，每个主节点都有两个科学端口 [用于与特定设备（如高分辨率摄像机）的电源和全带宽（10GbE）连接]，以及一个扩展端口。这 7 个主节点分别是 PN01A，位于 Cascadia Accretionary Margin 底部；PN01B，位于南水北岭（Southern Hydrate Ridge）；PN01C，位于 Oregon Offshore；PN01D，位于 Oregon Shelf 的大陆架上；PN03A，位于 Axial Seamount 底部；PN03B，位于 ASHES Vent Field 顶部；PN05A 位于 Mid-Plate。

电缆的二级基础设施包括所有延长电缆、低功率和中功率接线盒、低压节点、水柱系泊（Water Column Mooring），以及海底和系泊传感器套件等。其中，位于海底、剖面系泊（Deep and Shallow Profiler Mooring）系统上的仪器可提供水柱性质数据，这些用于搜集海底和生物过程数据的仪器共有 140 个。

海底电缆技术示意图如图 2.3 所示。

2.5.2 系泊

系泊系统为海洋学家提供了在海底和海面之间的固定深度部署传感器的手段，并且通过沿着系泊缆线/缆绳上下移动来部署垂直方向的观测节点。系泊线可以由塑料夹套的钢丝绳、合成线或带铜导体的机电电缆组成[①]。

---

① http://oceanobservatories.org/marine-technologies/moorings/

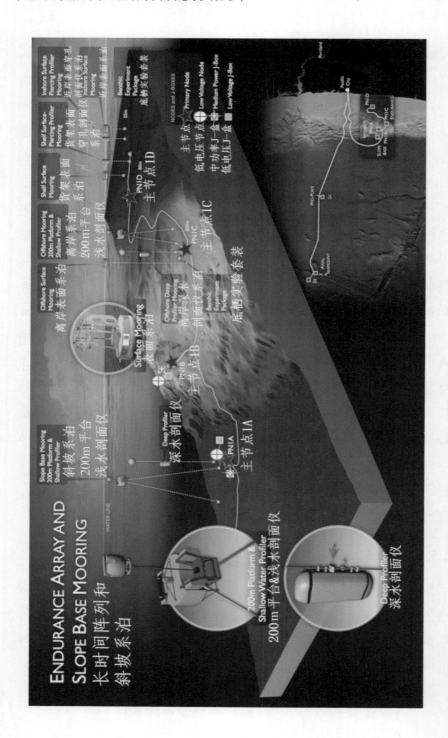

图 2.3　海底电缆技术示意图

OOI 中的系泊可分为三种。

（1）旁侧系泊（Flanking Mooring）。旁侧系泊［如图 2.4（a）所示］位于海面以下，包括系泊锁和固定在特定深度的仪器。这些仪器通过与附近水下滑翔机的声学连接来传送数据，并将数据发送到岸上。

（2）剖面系泊（Profiler Mooring）。剖面系泊［如图 2.4（b）所示］包含固定在系索上的仪器，可沿系索上下移动，以测量路径上的水柱区域数据。剖面仪包括一个科学舱和绞盘，并且可以在某些情况下露出水面。数据可以通过海底电缆或通过卫星传输到岸上。

（3）表面系泊（Surface Mooring）。表面系泊［如图 2.4（c）所示］包含浮在海面上的浮标和位于水下固定深度的仪器。表面浮标提供了用于固定表面仪器的平台，允许在空气和水中搜集数据。表面系泊具有太阳能发电和风力发电的功能，以及用于卫星和视距通信的天线。

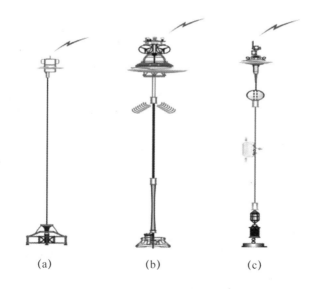

(a)　　　　　(b)　　　　　(c)

图 2.4　旁侧系泊、剖面系泊、表面系泊示意图

2.5.3 剖面仪

剖面仪是一种拴系在系泊提升机（mooring riser）上，或者包括了一个绞盘的用于调整深度的测量仪器。OOI 中使用剖面仪可以对水柱参数进行高垂直分辨率采样[①]。OOI 剖面仪示意图如图 2.5 所示。

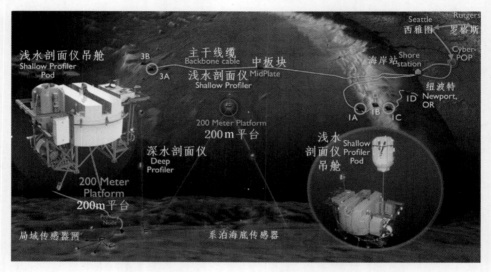

图 2.5　OOI 剖面仪示意图

OOI 中使用的剖面仪种类包括全球剖面系泊（Global Profiler Mooring）、电缆深水剖面系泊（Cabled Deep Profiler Mooring）、电缆浅水剖面系泊（Cabled Shallow Profiler Mooring）、沿岸剖面系泊（Coastal Profiler Mooring）、水面穿透剖面系泊（Surface Piercing Profiler Mooring）等。

2.5.4 水下自主航行器

水下自主航行器（AUV）等移动平台在海洋观测中具有非常重

---

① http://oceanobservatories.org/marine-technologies/profilers/

要的灵活性，它允许传感器在水中开展三维运动①。水下自主航行器使用了螺旋桨和推进器。在海洋观测中使用 AUV 的最佳速度接近 1.7 m/s，而最大速度可达 2.5 m/s。AUV 能够携带许多传感器长途旅行，还可以与岸上操作人员通信并接收指令。这些航行器已经在海洋学界用于许多目的，包括用于海底的高分辨率测绘，以及在海冰覆盖和船舶取样受到极大限制的海区进行操作等。OOI 为"先锋-4"（Pioneer-4）巡航活动部署的 Pioneer REMUS-600 水下自主航行器是其中的最具代表性的自主航行器，如图 2.6 所示。

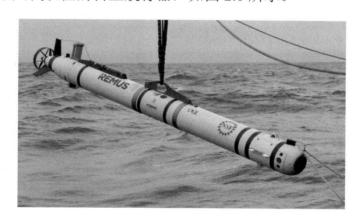

图 2.6　Pioneer REMUS-600 水下自主航行器

2.5.5　水下滑翔器

水下滑翔器（Glider）与水下自主航行器（AUV）一样，都是能够提供灵活探测的移动平台。

水下滑翔器使用电池供电、浮力驱动，可通过泵从油囊中抽油或送油来改变深度；当水下滑翔器下潜或上升是，水下滑翔器的翅膀能够为它们提供升力，使它们在上升过程中甚至可以飞出

---

① http://oceanobservatories.org/marine-technologies/robotic-auvs/

水面。这些滑翔器的速度可以达到 AUV 速度的 1/10，为 25 cm/s 至 35 cm/s。在水面上，滑翔器利用 GPS 获取位置信息，并通过卫星传输数据和接收指令。OOI 水下滑翔器比 AUV 更小、更轻。

OOI 的"先锋阵列"（Pioneer Array）使用三个水下滑翔器，这些滑翔器被特别设计的推车释放到水中，并由岸上导航员对它们进行控制，如图 2.7 所示。

图 2.7　OOI 的"先锋阵列"（Pioneer Array）使用的水下滑翔器

2.5.6　新型海底上下运动监测传感器

据 Nature 网站 2017 年 6 月 21 日报道，美国 Paroscientific 公司创始人 Jerry Paros 将其发明的新型石英传感器用于海底监测，以打造一个海洋地震预警系统。该传感器可将海底形变监测的精度提高到 1cm[①]。

各国的地球物理学家都试图了解长期地质运动的风险，并希望在地震和海啸发生之初及时发布警报。但多年来，海底的断层运动一直难以探测。在陆地上，科学家可使用全球定位系统（GPS）

---

① http://www.nature.com/news/the-fight-to-save-thousands-of-lives-with-sea-floor-sensors-1.22178

测量细微的地质运动情况，包括火山爆发前火山山体周围地面的隆起、石块沿地质断层的滑动等，但在海底进行地质运动监测十分困难且昂贵。

Jerry Paros 具有商业和科研双重背景，他于 50 年前就开始研发能够测量加速度、压力变化和温度等物理因素的石英传感器。他创立的 Paroscientific 公司生产的传感器最初用于化石能源开采等行业。1983 年，Jerry Paros 发明的传感器被应用于美国国家海洋大气局（NOAA）的海啸观测系统，用于对太平洋地区的海洋运动进行监测。2004 年，印度尼西亚发生大海啸后，Jerry Paros 向华盛顿大学捐赠 100 万美元以促进其传感器网络的研发，并于 2012 年再次向该大学捐款 100 万美元。经过与该大学地球物理学家的合作，Jerry Paros 在太平洋西北海岸海域对传感器进行测试。目前，在对波浪和潮汐带来的干扰进行纠正后，海洋学家可利用 Paroscientific 公司生产的传感器，将海底的上下移动的测量精度提高到 1cm。

Paros 发明的传感器只能揭示海底的上下运动，但无法检测海底水平方向的运动。因此，科学家使用另一种手段弥补这一不足：在海底以 2～3km 的间隔放置多个发射机应答器（transponder），每隔 1 年左右，科学家利用测量船向这些应答器发射声波信号。通过计算信号在海水中传递所花费的时间，可以推算出应答器之间的相对位置与之前相比是否发生了改变，从而推断海底是否发生了水平位移。

2.5.7　数字基础设施和数据管理系统

OOI 通过开发网络基础设施技术（Cyberinfrastructure Techno-logy）①实现海洋观测数据的搜集、传送和管理。

---

① http://oceanobservatories.org/cyberinfrastructure-technology/

OOI 数据由位于太平洋和大西洋的多个站点通过有线和无线仪器对海洋观测数据进行搜集，其中包括三个主要的数据运行中心：太平洋城（PacificCity），通过光缆直接连接到海底电缆阵列中的所有仪器；俄勒冈州立大学（OSU）操作管理中心（OMC），负责太平洋沿岸所有无电缆仪器数据；伍兹霍尔海洋研究所（WHOI）操作管理中心（OMC），负责大西洋沿岸地区的无线电仪器数据。这些运营中心的数据最终转交给 OOI 网络基础设施以进行处理、存储和传播。

OOI 通过两种方式实现数据安全和保护：OOI 使用强大而有弹性的网络架构，该架构采用高冗余度的下一代防火墙及安全虚拟专用网（VPN）；通过信息生命周期管理（Information Life-cycle Management，ILM）架构来实现数据完整性，包括集成冗余企业存储区域网络（SAN）（基于磁盘）和机器人库（Robotic Library）（基于磁带存储）。其中，SAN 是由智能设备管理器管理的多个硬盘驱动器的企业级存储网络，通过减少数据重复及存储冗余维护数据完整性和可访问性；磁带存储（Tape Storage）则是不依赖电源或散热的"最后一层"存储，支持长期备份和归档、灾难恢复和数据传输。

2.6　投资规模

2.6.1　IOOS 投资规模

IOOS 的投资主要由 NOAA 负责，并取决于 NOAA 经费的可用性。NOAA 每年对 IOOS 的投资规模在 100 万美元到 400 万美元之间，最长投资项目时间为 5 年[①]。

2016 年 6 月 23 日，IOOS 宣布获得 3100 万美元资助，这些资

---

① https://researchfunding.duke.edu/fy-2016-implementation-us-integrated-ocean-observing-system-ioos%C2%AE

助以 5 年合作协议的形式分配[①]。

2.6.2　OOI 投资规模

在 2013 年 10 月 28 日发布的 OOI 的项目执行计划[②,③]中列出的实施方案为，从 2009 年到 2014 年用 5 年时间，约 3.864 亿美元建造大洋观测的三大部分：区域网、近海网和全球网，预期使用年限为 25 年。

OOI 自 2016 年完成建设以来一直处于运行状态，2016 财年的管理与运行预算为 5498 万美元，主要用于将海洋数据传输到存储设施，通过网站逐步提供经过处理的数据和产品，对系泊仪器和平台的翻新、重新部署，对数据质量的管理，向科学界推广质量保证/质量控制（Quality Assurance/Quality Control）的方法及程序等方面。据 2017 年 5 月 23 日 Nature 网站报道，美国总统 Trump 于 5 月 23 日向国会提交了 2018 年预算计划，在这项预算中，国家科学基金会（NSF）的 2018 年预算被削减了 11%，其中 OOI 的经费被削减了近 44%，仅剩 3100 万美元[④]。

2.7　研究团队

2.7.1　IOOS 研究团队

IOOS 由 NOAA 主持，参加 IOOS 建设的机构包括海军、国家

---

① https://ioos.noaa.gov/news/2016-grants/

② http://oceanobservatories.org/wp-content/uploads/2017/04/1001-00000_PEP_OOI. pdf

③ http://oceanobservatories.org/planning-history/final-network-design/

④ http://www.nature.com/news/trump-budget-would-slash-science-programmes-across-government-1.22036

科学基金会、国家航空航天局（NASA）、矿产管理局（MMS）、地质调查局（USGS）、能源部（DOE）、海岸警卫队（USCG）、工程兵团（US-ACE）和环保署（EPA）等共 10 个联邦政府组织[①]。2009 年，美国国会通过了近岸和大洋观测系统整合法规（The Integrated Coastal and Ocean Observation System Act of 2009，ICOOS Act），规定设立跨部门海洋观测委员会（Interagency Ocean Observation Committee，IOOC）以监管 IOOS 的执行情况，以及进行全国性的集中协调和管理。

根据《2009 年综合沿海和海洋观测系统（ICOOS）法》第 12304 节，美国成立了 IOOS 咨询委员会（The U.S. IOOS Advisory Committee），向 NOAA 局局长和机构间海洋观测委员会（IOOC）提供咨询。该委员会目前包括 11 名知名海洋科学家[②]，包括 Geoptics 公司董事长 Conrad C. Lautenbacher；巴特尔纪念研究所（Battelle Memorial Institute）副主席 Tom Gulbransen；威斯康星大学密尔沃基分校（University of Wisconsin-Milwaukee）的 Val Klump；Just 创新公司（Just Innovation LLC）的 Justin Manley；维尔京群岛大学（University of the Virgin Islands）的 LaVerne Ragster；蒙莫斯大学（Monmouth University）的 Tony MacDonald；夏威夷大学马诺阿分校（University of Hawaii at Manoa）的 Chris Ostrander；新罕布什尔大学（University of New Hampshire）的 Doug Vandemark；华盛顿大学（University of Washington）的 Thomas B. Curtin；海鸟科学公司（Sea-Bird Scientific）的 Casey Moore；奎鲁特印第安保留区（Quileute Indian Tribe）的 Jennifer Hagen。

---

① https://ioos.noaa.gov/about/about-us/

② https://ioos.noaa.gov/community/u-s-ioos-advisory-committee/u-s-ioos-advisory-committee-members/

此外，IOOS 包括 11 个区域协会（Regional Association），这些区域协会负责指导区域观察活动的发展和利益相关者的参与[①]。

2.7.2　OOI 研究团队

OOI 由美国国家科学基金会（NSF）资助，由 OOI 海洋领导联盟（COL）的 OOI 计划办公室管理和协调。NSF 成立了"OOI 设施委员会"，就 OOI 的管理和运行提供指导[②]。该委员会现有成员（任期从 2017 年 5 月 1 日开始）如下。

欧道明大学（Old Dominion University）的 Larry Atkinson（任主席）。

拉蒙特−多赫蒂地球观测站（Lamont-Doherty Earth Observatory）的 Tim Crone。

南佛罗里达大学（University of South Florida）的 Kendra Daly。

斯克里普斯海洋学研究所（Scripps Institution of Oceanography）的 Sarah Gille。

夏威夷大学（University of Hawaii）的 Brian Glazer。

北卡罗来纳州立大学（North Carolina State University）的 Ruoying He。

华盛顿大学（University of Washington）的 Deborah Kelley。

康涅狄格大学（University of Connecticut）的 James O'Donnell。

伍兹霍尔海洋研究所（Woods Hole Oceanographic Institution）的

---

① https://quick.likeso.ml/url?sa=t&rct=j&q=&esrc=s&source=web&cd=2&ved=0ahUKEwi4iLi0xpzXAhXHwVQKHXOeD2sQFggwMAE&url=https%3A%2F%2Fioos.noaa.gov%2Fwp-content%2Fuploads%2F2017%2F03%2FIOOS_Spring17_Taking-Stock_Looking-Ahead.pptx&usg=AOvVaw3-3XgGTT33GDs4I3hc6wR3

② http://oceanobservatories.org/planning-history/

Sheri White。

2.8 国际合作形式

2.8.1 IOOS 国际合作形式

IOOS 参与的国际合作项目包括以下几项。

（1）全球海洋气候观测系统（GOOSC）。

全球海洋气候观测系统（Global Ocean Observing System for Climate，GOOSC）由全球 70 多个国家合作实施，美国对这一系统的贡献是提供了一个观测子系统，其中的观测平台占国际社会部署的 8000 多个观测平台的一半左右。虽然该系统旨在提供对 NOAA 气候和天气预报等任务至关重要的信息，但是 GOOSC 也支持沿海应用、海洋危害预警系统（如海啸警报）、海洋环境和生态系统监测、海军等应用。

全球海洋气候观测系统（GOOSC）观测站示意图如图 2.8 所示。

（2）全球海洋观测系统（GOOS）。

全球海洋观测系统（The Global Ocean Observing System，GOOS）是联合国各成员国间海洋学委员会与数十个国际计划合作的成果，由各成员国通过政府机构、海军和海洋学研究机构共同合作实施。它旨在监测、了解和预测天气和气候，描述和预测海洋的状况（包括生物资源），改善海洋和沿海生态系统及资源的管理，减轻自然灾害和污染造成的损害，保护沿海和海上的生命和财产，并进行科学研究。

全球海洋观测系统（GOOS）的标志如图 2.9 所示。

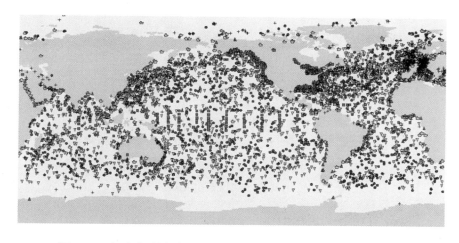

图 2.8　全球海洋气候观测系统（GOOSC）观测站示意图

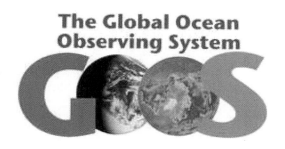

图 2.9　全球海洋观测系统（GOOS）的标志

（3）地球观测组织（GEO）和全球地球观测系统组织（GEOSS）。

地球观测组织（GEO）正在协调"全球地球观测系统组织"（GEOSS）的建设工作。

GEO 与政府和国际组织是自愿伙伴关系。它提供了一个框架，使这些合作伙伴可以开发新项目并协调其战略和投资。截至 2012 年 3 月，GEO 的成员包括 88 个政府和欧盟委员会。此外，64 个开展地球观测或相关任务的政府间组织、国际组织和区域组织已被确认参与 GEO。GEO 在 2005 年至 2015 年的 10 年实施计划的基础上逐步建设了 GEOSS。GEOSS 的应用目标包括灾害、健康能源、气候、水、天气、生态系统、农业和生物多样性等。

前文提到的 GOOS 是 GEOSS 的海洋学的组成部分。地球观测组织（GEO）的标志如图 2.10 所示。

图 2.10　地球观测组织（GEO）的标志

除此之外，IOOS 参与的国际合作计划还包括全球高频雷达（Global HF Radar）计划、蓝色星球任务（Blue Planet Task）等。

2.8.2　OOI 国际合作形式

2016 年 12 月 14 日，德国不来梅大学（Universität of Bremen）跨文化和国际关系研究所的高级研究员 Jan-Stefan Fritz 发表了论文《观察、外交和海洋治理的未来》，该论文以 OOI 为例对海洋观测计划的国际合作形式进行了讨论①，主要内容包括以下五项。

（1）2015 年，七国集团（G7）的领导人共同发表了一项声明，该声明中特别强调了海洋科学的重要性。2016 年，七国集团各国的科学部部长同意支持海洋观测倡议，以作为提供科学证据的手段，并制定了更适当的政策。事实上，2010 年，英国皇家学会（Royal Society）和美国科学发展协会（AAAS）就发布了一份报告，该报告认为"超越国家管辖范围（包括南极、公海、深海和外太空）的国际空间不能通过传统的治理模式来管理，应以灵活的国际合作方式，通过科学证据提供信息，并得到实际的科学伙伴关系的支持"。因此，

① http://www.sciencediplomacy.org/article/2016/observations-diplomacy-and-future-ocean-governance

全球海洋观测倡议必须在基于科学的伙伴关系之间建立桥梁和政府间工作关系。

（2）OOI 也许是海底观测在实践中最好的例子。经过几年的建设，2016 年中期，OOI 开始利用美国沿海的 7 个地点的 900 多个传感器提供实时数据。然而，这一成功却受到争议。该项目的建设成本估计为 3.86 亿美元，之后该计划每年耗用约 5500 万美元的运营和维护费用。在 25 年运行期终结之后，OOI 将总计耗资近 18 亿美元。对这一预算的批评在科学界也广泛存在。

（3）2016 年 5 月，在日本筑波举办的会议上，七国集团各国科技部部长同意支持一项全球海洋观测倡议（Global Ocean Observation Initiative）。该会议发表的"筑波公报"包含一套广泛的期望目标和具体行动清单。在筑波会议中达成的具体行动包括 4 个与海洋观测有关的行动：①支持加强全球海洋和海洋观测的倡议；②促进开放科学和改进全球数据共享基础设施；③加强区域观测能力和知识网络，特别是在发展中国家；④促进七国集团加强政府间合作，以推进日后的海洋观测工作。虽然七国集团各国表达了支持海底观测站的强烈意愿，但七国集团各国尚未决定将如何开始实际行动。尽管该行动计划没有对七国集团之外的国家做出安排，但是七国集团将邀请欧盟、二十国集团中有兴趣的成员国共同参与。七国集团各国部长同意最终的提议应该符合新提出的期望，即收集关于尚未充分观察到的海洋区域的数据；提供知识来评估海洋变化的经济影响；为适当的政策提供知识。于 2017 年担任七国集团主席的意大利政府在筹备会议上表示，将把海洋问题保留在议程上，并且筹备了海底观测站专家工作组。

（4）许多科学家呼吁加强对海洋的管理和更负责任地使用其资源。以天气数据为例，由于天气数据为复杂气象的分析和预测提供了数据基础，政府间海洋学委员会（IOC）认为"通过持续的海洋观测获得的科学知识可应用在与海洋相关的危害研究、气候预报和预测、生态系统管理和评估、海洋治理方面"。2009 年，IOC 认可的海洋观测社区战略文件"海洋观测框架"指出，全球海洋观测应"应对海洋研究和社会需求"。

（5）海洋观测的国际合作目标还涉及海洋和经济之间的相互关系。近年来，世界野生动植物基金会（WWF）和经济合作与发展组织（OECD）等组织出版了一系列关于海洋经济的报告。OECD 为其报告创建了一个新的海洋经济数据库。此外，由于用于海洋观测的资金不足，导致估算海洋经济活动的成本和收益变得更加复杂。为了更好地了解投资数据收集的机会成本，欧盟资助的 AtlantOS 项目与 OECD 的"海洋经济未来"项目正在共同努力。AtlantOS 是泛欧大西洋研究项目，主要由欧盟 2020 计划资助，参与的国家还包括巴西、加拿大、南非和美国。该项目的任务是建立各国合作的基础，增强人类对大西洋的认识，并可持续地管理其资源。AtlantOS 在 G7 会议上被认为是未来全球海洋观测站计划的潜在的最佳实践模式。

2.9 美国海底科学观测网发展规划

2.9.1 美国发布《维持沿海系泊网络的国家战略》

2017 年 1 月 22 日，美国国家海洋局（NOS）和国家气象局（NWS）联合发布了《维持沿海系泊网络的国家战略》（以下简称《战略》）。《战略》梳理了美国现有的沿海系泊（Coastal Mooring）网络，分析了沿海系泊网络的社会效益及其对沿海经济的影响，评估了沿海系泊网络的关键基础设施、主要观测类别，并为未来的实施计划提出了 10 项建议^①。

沿海系泊网络的平台包括浮标、悬挂在海洋表面之下的监测仪器、部署在海洋底部的观测设施等，这些平台上的仪器和传感器可以根据用户要求搜集各种定制的海洋信息。它们也能够长期提供监测数据时间序列，这对监测海洋和湖泊的健康至关重要。然而，当一些项目结束或资金不足时，不再有额外的资源来维持观测，这导致了地方观测网络与国家体系之间的差距，并对沿海紧急情况管理者，渔业、海事、旅游业从业人员，以及研究人员造成了负面影响。因此，建立一个持续的沿海系泊网络的需求变得越发清晰。

发布《战略》的主要目标是确定沿海系泊网络的区域观测能力，整合利益相关方的相关投入；长远愿景是将联邦政府等机构的核心网络与其他环境观测网络相结合，以加强资源管理、生命安全及财产保护，助力经济增长，并促进对沿海系统的科学理解。

《战略》梳理了位于美国专属经济区（EEZ）内的 370 个现有的沿海系泊网络设施，其中的 90% 的设施由美国国家大气海洋局（NOAA）和美国综合海洋观测系统（IOOS）区域协会负责运行。在对现有设施进行评估的基础上，《战略》为制订未来实施计划提出了 10 项建议：①制订利益相关方的投资实施方案；②确定机制以维持优先级较高的站点；③考虑在制订沿海系泊实施计划的同时补充系统和新兴技术；④定期监测和评估国家沿海系泊网的设计；⑤在现有国家数据浮标中心（NDBC）的制定系泊站监测指标中增加水温和盐度测量值；⑥在美国 7 大沿海地区中分别确定 4 个到 8 个地点用于维持水柱生态系泊系统；⑦更新并实施"国家波浪观察运行计划"；⑧促进环境卫生和安全管理业务的监

---

① https://ioos.noaa.gov/news/strategy-national-mooring-network-released/

管；⑨制定沿海系泊网络性能指标；⑩对跨沿海系泊网络数据管理的最佳实践措施进行标准化和整合。

美国近年发布的海洋观测政策及发展规划还包括《海洋、海岸和大湖区国家管理政策》（2010）、《2030 年海洋研究和社会需求关键基础设施》（2011）、《一个国家的海洋科学：海洋优先研究计划》（2013）等。

2.9.2　2018 年 OOI 预算被削减 44%

2017 年 5 月 23 日 Nature 网站报道，美国总统 Trump 于 2017 年 5 月 23 日向国会提交了 2018 年预算计划，在该项预算计划中，国家科学基金会（NSF）的 2018 年预算被削减 11%，其中 OOI 的预算经费被削减近 44%，仅剩 3100 万美元[①]。

作为大型海洋观测系统，OOI 由分布在全球海域和沿海地区的仪器阵列组成，由 NSF 负责"主要研究设备和设施建设项目"（MREFC）的组建和部署[②]。自 2016 年完成建设以来，OOI 一直处于运行状态，2016 财年的管理与运行预算为 5498 万美元，主要用于将海洋数据传输到存储设施，通过网站逐步提供经过处理的数据和产品，对系泊仪器和平台进行翻新、重新部署，对数据质量进行管理，向科学界推广质量保证/质量控制（Quality Assurance/Quality Control）的方法及程序等。

由于 OOI 的 2018 年度预算降为 3100 万美元，所以在这一资助水平下的 OOI 活动范围需通过新的管理和运行合同招标确定。OOI 的运行和维护的合作方是"海洋领导联盟"（Consortium for Ocean

---

① http://www.nature.com/news/trump-budget-would-slash-science-programmes-a cross-government-1.22036

② https://www.nsf.gov/funding/pgm_summ.jsp?pims_id=505222

Leadership，COL），双方的管理和运营合作协议已于 2017 年 12 月
31 日结束。OOI 计划实施的调整包括暂停全球阵列（Global Array）
业务，简化网络基础设施和管理监督等，已部署的沿海 OOI 仪器每
年将访问和更换两次[①]。

2.9.3　NSF 拆除南太平洋和南大西洋 OOI 系泊阵列

2017 年 7 月 6 日 OOI 网站报道，在 OOI 的经费被削减 44%后，
NSF 更新了 OOI 计划的内容，由海洋规划协会（COL）制订了实施方
案，并在 2017 年秋季巡航期间拆除了南纬 55°（南太平洋）和阿根廷
盆地（南大西洋）的 OOI "全球系泊阵列"，且不再进行设备更换[②]。

　　NSF 此举可避免维修或更换设备带来的巨额支出。美国地球物
理联合会（AGU）网站曾于 2017 年 5 月撰文指出，海洋科学观测中
修理或更换故障设备的成本可能比建造基础组件的成本高出许多个
数量级，由供应商提供的电缆、连接器等出现故障的频率或高到难
以接受。这些设备出现故障的原因包括海水入侵到包裹电子器件的
容器内，由于海底压力电解产生氢气和氧气（可能会发生爆炸），表
面浮标观测站被盗，海底设备受到钓鱼作业（如拖网）损害等[③]。例
如，位于东北太平洋胡安·德富卡海岭（Juan de Fuca Ridge）的 NSF
区域电缆阵列 200m 系泊和浅层剖面仪（Regional Cabled Array 200
Meter Mooring and Shallow Profiler）设备，在系泊设备部署两年、剖
面仪连续运行一年之后，设备上布满了藻类植物，这些藻类导致传
感器无法读取数据。这种生物污染只是电缆海洋观测站面临的众多

---

① https://www.nsf.gov/about/budget/fy2018/pdf/36n_fy2018.pdf

② http://oceanobservatories.org/2017/07/nsf-oce-update-on-the-ocean-observato
ries-initiative-ooi/

③ https://eos.org/meeting-reports/deep-trouble-common-problems-for-ocean-observatories

问题之一。

2.9.4 OOI 预算削减原因解析

美国现政府对气候变化及相关环境研究一直持消极态度，包括撤销气候行动方案，取消巴黎气候协定等。而 OOI 涵盖多项气候环境研究，包括热液喷口和甲烷渗漏区、厄尔尼诺等天气和气候现象、海洋酸化、洋流循环与气候之间的关系等，这些都与气候变化研究相关。事实上，在 2018 年美国政府的预算中，NSF、NIH、环境保护局（EPA）的预算分别被削减了 11%、18%、30%，而美国政府的军费开支则提高了 10%。

此外，如前所述，OOI 维护成本过高。例如，在海底观测科学仪器方面，修理或更换故障设备的成本可能比建造基础组件的成本高出许多个数量级，使设备发生故障的原因包括海水侵蚀、发射爆炸、生物污染、渔业损害、浮标被盗等，因此美国的相关教训值得我国参考。

▶2.10 美国海底科学观测网成果

2.10.1 数据产品

1. IOOS 数据产品

根据 2017 年 5 月 24 日美国国家数据浮标中心（National Data Buoy Center，NDBC）发布的报告[①]，IOOS 数据产品包括以下类别。

① https://quick.likeso.ml/url?sa=t&rct=j&q=&esrc=s&source=web&cd=1&ved=0ahUKEwi0sLCjx5zXAhVl3IMKHduwDAoQFggoMAA&url=https%3A%2F%2Fioos.noaa.gov%2Fwp-content%2Fuploads%2F2017%2F08%2FNDBC_IOOS_webinar_May2017.pptx&usg=AOvVaw0Uc6wROE4KhZwRj6L_8Q03

（1）气象学数据，包括风（方向、速度、阵风）、空气温度、露点（dew point）、相对湿度、气压、海面温度、浪高、主周期（dominant period）、平均浪方向、短波和长波辐射。

（2）海洋学数据，包括海洋表面以下水温和盐度（30 depths）、海流（70 depths/bins）、溶解氧（近表面和近底部）、混浊度、叶绿素、潮汐、pH、Eh。

（3）波浪，包括定向、无方向性（体积和光谱）参数。

2. OOI 数据产品[①]

（1）空气–海面交界面（Air-Sea Interface）数据，包括空气温度（缩写为 TEMPAIR，下同）、2m 空气温度（TEMPA2M）、气压（BARPRES）、大气中的二氧化碳摩尔分数（XCO2ATM）、表面海水中二氧化碳摩尔分数（XCO2SSW）、直接协方差热通量（FLUXHOT）、直接协方差水通量（FLUXWET）、直接协方差通量（FLUXMOM）、下降长波辐射（LONGIRR）、下降短波辐射（SHRTIRR）、从海洋流入大气二氧化碳（CO2FLUX）、淡水通量（FRSHFLX）、潜热通量（LATNFLX）、平均风速（WINDAVG）、动量通量（风应力）（MOMMFLX）、净热通量（HEATFLX）、净长波辐照（NETLIRR）、净短波辐照（NETSIRR）、二氧化碳在大气中的分压（PCO2ATM）、二氧化碳在表面海水中的分压（PCO2SSW）、PCO2A 气流压力（PRESAIR）、平台倾斜方向（3 轴）（MOTFLUX）、降水（PRECIPM）、雨热通量（RAINFLX）、降雨率（RAINRTE）、相对湿度（RELHUMI）、海表电导率（CONDSRF）、海面盐度（SALSURF）、海面温度（TEMPSRF）、显热通量

---

① http://oceanobservatories.org/data-products/

（SENSFLX）、比湿度（SPECHUM）、2m 特定湿度（SPHUM2M）、湍流空气温度（TMPATUR）、湍流湿度波动（MOISTUR）、波谱特性（WAVSTAT）、10m 风速（WIND10M）、三方向风速（WINDTUR）。

（2）海底/地壳（Seafloor/Crust）数据，包括 16s rRNA 序列的过滤物理样品（DNASAMP）、底栖流量（BENTHFL）、宽带声压波（HYDAPBB）、宽带频率（HYDFRBB）、宽带地面加速度（GRNDACC）、宽带地面速度（GRNDVEL）、高清视频（HDVIDEO）、氢浓度（THSPHHC）、硫化氢浓度（THSPHHS）、低频声压波（HYDAPLF）、纳米分辨率低压（BOTPRES）、ORP伏特（TRHPHVO）、PH（THSPHPH）、物理流体样品－弥散流体化学（PHSSAMP）、电阻率 R1（TRHPHR1）、电阻率 R2（TRHPHR2）、电阻率 R3（TRHPHR3）、海底高分辨率倾斜（BOTTILT）、海底压力（SFLPRES）、海底上升与下降（BOTSFLU）、短周期地面速度（SGRDVEL）、静像（CAMSTIL）、溶解气体测量套件（10～20 个单独气体）与时间的关系（MASSPEC）、空间网格中的温度阵列（TEMPSFL）、热敏电阻温度（TRHPHVS）、热电偶温度（TRHPHVC）、排气流体氯化物浓度（TRHPHCC）、排气流体氧化还原电位（ORP）（TRHPHEH）、RASFL 排出液温度（TEMPVNT）、THSPH 排出液温度（THSPHTE）、TRHPH 排出液温度（TRHPHTE）。

（3）水柱（Water Column）数据，包括底压（IESPRES）、电导率（CONDWAT）、密度（DENSITY）、下行光谱辐射（SPECTIR）、回波强度（ECHOINT）、荧光 CDOM 浓度（CDOMFLO）、荧光叶绿素 a 浓度（CHLAFLO）、水平电场（IES_HEF）、平均点水速

（VELPTMN）、多频声反向散射（SONBSCA）、硝酸盐浓度（NITROPT）、434nm 处的光吸收比（CO2ABS1）、620nm 处的吸光度（CO2ABS2）、434nm 处的光吸收信号强度（PH434SI）、578nm 处的光吸收信号强度（PH578SI）、光吸收系数（OPTABSN）、光学反向散射（红色波长）（FLUBSCT）、光束衰减系数（OPTATTN）、Fastrep DO 仪器氧浓度（DOCONCF）、稳定 DO 仪器氧浓度（DOCONCS）、二氧化碳在水中的分压（PCO2WAT）、PCO2W 热敏电阻温度（CO2THRM）、pH（PHWATER）、光合有效辐射（400～700 nm）（OPTPARW）、PHSEN 热敏电阻温度（ABSTHRM）、实际盐度（PRACSAL）、压力（深度）（PRESWAT）、参考吸收（OPTAREF）、参考光束衰减（OPTCREF）、往返行程时间（RATT）（IESRATT）、信号吸收（OPTASIG）、信号光束衰减（OPTCSIG）、温度（TEMPWAT）、OPTAA（OPTTEMP）的温度、湍流点水速（VELPTTU）、湍流速度曲线（VELTURB）、速度曲线（VELPROF）、垂直平均水平水速（VAHWV）（IESAHWV）、水柱热含量（IESHEAT）、水资源时间序列（IES_WPP）。

2.10.2　数据的质量控制与管理

1. IOOS 数据质量控制与管理

IOOS 的多个区域系统已经实现了海洋观测数据整合认证。2017 年 5 月 4 日美国大气海洋局（NOAA）网站报道："美国海洋综合观测系统在海洋观测数据整合方面已取得一定的进展。标准化处理后的数据可更方便地支持研究开发活动和可视化，为开展'大数据'项目创造机会[①]。"

[①] https://oceanservice.noaa.gov/news/may17/data-standards.html

NOAA 每天搜集的数据量约为 20 TB，这些数据对多源数据的整合和数据质量的控制十分重要。为保证数据的一致性和置信程度，2009 年美国颁布了《沿海和海洋观测系统综合法令》，要求 IOOS 制订和实施一项流程计划，以确保全美国范围内的"IOOS 区域协会"所搜集和管理的数据符合联邦标准。经联邦审查人员审核后，用户通过这些区域实体获得的数据、信息工具均可以视为直接从 NOAA 获得。

目前已被审核认证为"区域信息协调实体"（RICE）的"IOOS 区域协会"成员包括加勒比海洋观测系统（CARICOOS）；大湖观测系统（GLOS）；中大西洋沿海海洋观测系统（MARACOOS）；太平洋岛屿观测系统（PacIOOS）；南加利福尼亚沿海海洋监测系统（SCCOOS）；阿拉斯加海洋观测系统（AOOS）；东南沿海观察区域协会（SECOORA）。

在 IOOS 数据质量控制方面，IOOS 计划办公室开展了"质量保证/实时海洋数据质量控制"（QARTOD）计划，并将其作为 IOOS 数据管理和通信（DMAC）核心服务的一部分。QARTOD 目前已经发布了多个实施报告，包括冰川温度和盐度数据质量控制手册、用于 CBIBS 和滑翔机（pptx）的 QARTOD 实现、MARACOOS 高频雷达实时质量保证和质量控制、Scripps / CDIP QARTOD QC 测试波数据等[①]。

2. OOI 数据质量控制与管理

OOI 数据质量控制程序是满足 IOOS 的 QARTOD 标准的质量保证。除每天的人力在线质量控制（QC）测试外，随着数据流的收集，

---

① https://ioos.noaa.gov/project/qartod/

数据产品最多可运行 6 种自动 QC 算法。QC 报告每两周或每月创建一次[①]。

海洋观测站数据评估组（数据组）是罗格斯新泽西州立大学的网络基础设施的一部分，评估组由数据管理员和 4 位数据评估人员组成。每位成员都具备海洋学专业知识，并被分配到一个特定的 OOI 阵列。他们的任务是审查整个 OOI 系统部署的超过 1200 种仪器产生的海洋学和工程数据，确保 OOI 提供的数据和元数据符合社区数据质量标准。他们还与用户社区和海洋工程师合作，共同识别、诊断和解决数据可用性和数据质量问题。数据评估组负责维护有关数据的可访问性、可用性，并负责针对处理程序和质量控制开展用户拓展和培训。

手动 QC 测试由数据管理员领导，由 4 位数据评估员组成的团队进行测试，他们做的测试包括 Quick Look 测试（数据评估员使用自动化工具的第一次测试）及 Deep Dives 测试（仔细观察已被标记为可疑的数据，在 Subject Matter Experts 中绘制）。评估组将清楚地注释触发 QC 相关警报的所有数据流，以及在手动测试期间被标记为可疑的任何数据。

OOI 还利用自动 QC 算法进行质量控制。数据产品是通过 6 种自动 QC 算法运行后产生的。QC 报告每两周或每个月创建一次。自动 QC 算法根据 OOI 计划科学家制定的规范编码，并从其他天文台经验中得出。目前实现的 6 种算法有 Global Range Test、Local Range Test、Spike Test、Trend Test、Stuck Value Test 和 Gradient Test，OOI 网站对这 6 种算法均进行了详细的介绍。

[①] http://oceanobservatories.org/quality-control/

2.11 经济社会综合效益

2.11.1 IOOS 的经济社会综合效益

根据 IOOS 发布的宣传材料①可知，IOOS 的海洋酸化的观察技术和定制的数据门户为本地部分产业的恢复提供了重要的帮助，促使其恢复和挽救了数千个工作岗位；美国海岸警卫队在其海上搜索计划软件中已使用 IOOS 实时数据和模型来挽救生命。

在卫生健康方面，IOOS 在对游泳海水传播细菌的数据的监测，以及对伊利湖有毒藻类污染饮用水的监测等方面都发挥了巨大作用。

在安全和减灾方面，当加利福尼亚州 Refugio State Beach 附近的石油管道破裂和溢出石油时，IOOS 临时将高频雷达、水下滑翔机和模型数据集成到现有网络中，并连接到事件指挥中心，以支持石油轨迹建模和速度响应。IOOS 潮汐测量仪的数据使沿海社区能够评估淹水风险，并借以开发减轻和适应海平面上升影响的方法。

在经济方面，2016 年 IOOS 的研究显示，美国海洋企业的私营部门的收入每年达到了 70 亿美元。2014 年，海洋观测者和渔业经理合作创造了更准确的白鲑种群模型，将以前的间接渔业收入转变为数百万美元的直接渔业收入。IOOS 网络还将美国公司的产品纳入国家和国际观测平台，并增加了美国公司的产品和数据的显示度、效率和交互操作功能，为美国企业培育了海外市场。

---

① https://ioos.noaa.gov/wp-content/uploads/2016/05/Data-Sharing_cmyk_secure.pdf

2.11.2　OOI 的经济社会综合效益

OOI 为 IOOS 提供了重要的观测数据，并且参与到许多国际组织的活动中。例如，OOI 为气象部门提供数据，用于防范气象灾害。据 OOI 网站 2017 年 9 月 11 日报道，自 2017 年 8 月 9 日开始，OOI "南大洋阵列"（Southern Ocean Array）的数据被集成到世界气象组织（WMO）的全球电信系统（GTS）中。这一行动的目的是使天气预报员和天气模型研究者更容易获得海洋阵列的观测数据[①]。

OOI "南大洋阵列"是 OOI 的四个阵列之一，其目的是重点关注太平洋和大西洋的高纬度地区。部署该阵列的主要科学目标之一是在之前采样非常稀疏的地区获得关键数据，以帮助模型研究者和天气预报员更好地了解南大洋的动态环境。截至 2017 年 8 月 9 日，"南大洋阵列"的表面系泊数据已通过国家数据浮标中心（NDBC）纳入了 WMO 的全球电信系统中。仅在融入 GTS 之后的几个星期，这些数据就被"欧洲中尺度天气预报中心"（ECMWF）标记为"有很大预测影响"。

除表面浮标外，OOI "南大洋阵列"还包括一个系泊网络，用于支持测量空气-海洋流（air-sea fluxes）的热量、降水和动量，以及整个水柱的物理、生物和化学性质。相关仪器的测量数据既可从 OOI 数据门户下载，也可通过 GTS 访问。

2.11.3　其他海底观测网的经济社会综合效益

2016 年 12 月德国不来梅大学研究员 Jan-Stefan Fritz 在其发表

---

① http://oceanobservatories.org/2017/09/ooi-southern-ocean-array-55s-90w-provides-critical-weather-forecast-data/

的论文《观察，外交和海洋治理的未来》①中指出，经济合作与发展组织（OECD）在其发表的一份报告中估计海洋经济的价值至少为 1.5 万亿美元，而且随着科技进步，预计海底观测网将在解决许多问题方面发挥关键作用，并可推动海洋经济活动进一步发展。在过去的几十年中，世界各地已经推出了数十座海底观测站，这些观测站包括热带大气海洋系泊系统、浮标系统等，可搜集与厄尔尼诺和拉尼娜有关的数据，有的数据可以作为地震和海啸的预警机制。

海底观测站可作为"科学外交"的工具。在 19 世纪中期有学者提出，科学在塑造国家关系方面可以发挥重要作用。在 2010 年英国皇家学会和美国科学促进会关于科学的外交的报告中，认为科学外交存在三种广泛的方法：通过科学咨询告知外交政策目标；促进国际科学合作；利用科学合作改善国家间的关系。也许在不久的将来，需要详细答复的关键问题是：什么形式的国际合作能够使科学界和政策界从支持更好的海洋管理及全球海洋使用和保护倡议中受益，并同时保持这种国际合作的"科学"内涵。虽然各国政府希望能够达成共识，科学家们希望为多种学术兴趣提供服务，但是这些问题仍然需要进一步思考。

同时，"科学外交"的概念本身也需要通过国际对话来克服分歧和竞争。就像人类太空飞行的特点是国际竞争一样，海洋的使用也是如此，各国都在寻求各自技术和经济成就的标志。自从"联合国海洋法公约"得到了大多数国家的同意后，关于海洋和海洋的政府间外交的重点转变为平衡各国的自由及维护和平与安全的责任，同时数据和信息是行使自由和管理合作的重要手段。目前为止，海洋观测被认为是一个主要的科学技术，但是没有重大的政治层面含义。

---

① http://www.sciencediplomacy.org/article/2016/observations-diplomacy-and-future-ocean-governance

可以预测，在不久的将来，政府间的海洋观测系统将在关于海洋状况的知识国际化方面发挥特殊作用。

此外，根据刘康在《中国海洋大学学报》上发表的文章①所述，1998 年全球独立海洋委员会（IWCO）的报告指出，海岸带生态系统的总市场价值约为 12.6 万亿美元，而拥有 5 倍于海岸带面积的世界陆地生态系统总价值只有 12.3 万亿美元，由此可见，海岸带对人类社会生存与发展的重要性。

▶2.12　OOI 研究学科态势分析

由于 IOOS 主要是一项系统整合计划，偏重业务，而 OOI 更关注海底观测基础设施的建设，更注重了解海洋所需的科学与技术，包括新的传感器和观测技术等，更加关注研发。本节主要对 OOI 的研究学科态势进行分析。

OOI 网站上列出了 OOI 计划直接产出的 18 篇出版物，包括论文报告或专著②，但数量较少。为更全面地反映 OOI 研究学科态势，本书以"Ocean Observatories Initiative，OOI"为主题构建检索式，在 Web of Science 平台上进行了检索，并对结果进行判读后，形成数据集，包括论文 108 篇。经过分析该数据集，得到结论如下。

2.12.1　发文年代趋势分析

OOI 发文年代趋势如图 2.11 所示。

---

① 刘康. 海洋观测系统的经济效益分析[J]. 中国海洋大学学报（社会科学版），2004(4):8-12.

② http://oceanobservatories.org/publications/

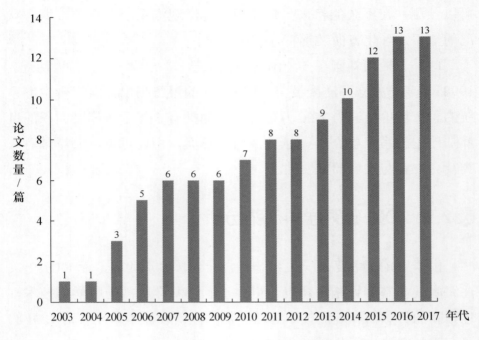

图 2.11 OOI 发文年代趋势

2.12.2 发文国家、机构分析

OOI 发文国家（第一作者）统计情况如表 2.2 所示。

表 2.2 OOI 发文国家（第一作者）统计情况

序　号	国　家	论　文　数	序　号	国　家	论　文　数
1	美国	86	7	巴西	1
2	加拿大	6	8	意大利	1
3	英国	5	9	澳大利亚	1
4	法国	3	10	冰岛	1
5	中国	2	11	阿根廷	1
6	瑞士	1			

OOI 发文机构（第一作者）统计情况如表 2.3 所示。

表 2.3　OOI 发文机构（第一作者）统计情况

序　号	中文机构名	英文机构名	论文篇数
1	加州大学系统	UNIVERSITY OF CALIFORNIA	24
2	新泽西州立罗格斯大学	RUTGERS STATE UNIVERSITY NEW BRUNSWICK	23
3	华盛顿大学	UNIVERSITY OF WASHINGTON	12
4	伍兹霍尔海洋研究所	WOODS HOLE OCEANOGRAPHIC INSTITUTION	9
5	美国国家科学基金会	NATIONAL SCIENCE FOUNDATION NSF	7
6	蒙特雷湾水族馆研究所	MONTEREY BAY AQUARIUM RESEARCH INSTITUTE	6
7	美国国家大气海洋局	NATIONAL OCEANIC ATMOSPHERIC ADMIN NOAA USA	6
8	北卡罗来纳州立大学	NORTH CAROLINA STATE UNIVERSITY	6
9	麻省大学	UNIVERSITY MASSACHUSETTS DARTMOUTH	6
10	马里兰大学系统	UNIVERSITY OF MARYLAND	4
11	海洋发展领导联盟组织（华盛顿）	CONSORTIUM OCEAN LEADERSHIP	2
12	哈里斯有限公司（通讯）	HARRIS CORP	2
13	帝国理工学院	IMPERIAL COLLEGE LONDON	2
14	联合海洋大学	JOINT OCEANOG INST	2
15	俄勒冈大学	OREGON UNIVERSITY	2
16	巴黎第六大学	PIERRE MARIE CURIE UNIVERSITY PARIS Ⅵ	2
17	雷神情报与信息系统公司	RAYTHEON INTELLIGENCE INFORMAT SYST	2

序　号	中文机构名	英文机构名	论文篇数
18	美国地质调查局	UNITED STATES GEOLOGICAL SURVEY	2
19	伦敦大学	UNIVERSITY OF LONDON	2
20	缅因大学	UNIVERSITY OF MAINE	2

注：加州大学系统包括 10 个分校，凡作者署名为"加州大学圣地亚哥分校"（UNIVERSITY OF CALIFORNIA SAN DIEGO）和"加州大学系统"（UNIVERSITY OF CALIFORNIA SYSTEM）的，都合并统计为"加州大学系统"，因为有的作者数据没有精确到分校，无法分别统计。

2.12.3　发文主题分析

OOI 发文的主要科学主题包括海洋学（62 篇）、工程（46 篇）、地球化学（33 篇）、地质学（31 篇）、计算机科学（23 篇）、电信（15 篇）、物理科学（15 篇）、地理学（10 篇）、远程探测（9 篇）、自动化控制系统（7 篇）、仪器仪表（6 篇）、气象学大气科学（5 篇）、环境科学生态学（5 篇）、机器人（5 篇）、海洋淡水生物学（3 篇）、能源燃料（3 篇）、水资源（2 篇）等。

此外，108 篇论文中共包含关键词 3146 个，其中排名前 2% 的高频关键词及其频次、中文含义如表 2.4 所示。

表 2.4　高频关键词分布

序　号	出现频次	关键词（英文）	关键词中文含义
1	36	data	数据
2	29	Ocean Observatories Initiative	海洋观测站计划
4	21	ocean	海洋
6	19	seafloor	海底

续表

序　号	出 现 频 次	关键词（英文）	关键词中文含义
8	16	sensors	传感器
9	15	network	网络
10	15	system	系统
11	14	instruments	仪器
12	14	results	结果
14	13	infrastructure	基础设施
15	13	ocean observatories	海洋观测站
16	12	development	开发
17	11	Axial Seamount	轴向海山
18	11	research	研究
19	11	University	大学
20	11	use	使用
21	10	ability	能力
22	10	capabilities	功能
23	10	funding	资金
24	10	operations	运行
25	10	planning	规划
26	10	potential	潜在
27	10	processes	流程
28	10	time	时间
29	9	NSF	国家科学基金
30	9	salinity	盐度
32	8	deployment	部署
33	8	Earth	地球
34	8	information	信息
35	8	installation	设备

序　号	出　现　频　次	关键词（英文）	关键词中文含义
36	8	integration	积分
37	8	moorings	系泊
38	8	need	需要
39	8	ocean science	海洋科学
40	8	oceans	海洋
43	8	real-time	即时的
44	8	sea	海
45	8	Southern Ocean	南大洋
46	8	variety	种类
47	8	wide range	大尺度

注：已删除无意义的停用词及其序号。

（撰稿人：郭世杰，中国科学院文献情报中心，中国科学院大学经济与管理学院图书情报与档案管理系）

▶3.1 欧洲海底科学观测网发展历史①

2007 年 3 月，欧洲海洋观测网（European Sea Observatory NETwork，ESONET）卓越网络（Network of Excellence，NoE）的项目启动会议标志着欧洲深海观测网络建设的开始。ESONET NoE 的前身是"欧洲海洋观测网协调行动"（ESONET CA）和"欧洲海底观测网实施模型"（ESONIM）项目。2007 年 6 月，欧洲海洋和海事科技共同体发布了阿伯丁宣言，该宣言提出了委员会的战略，标志着 ESONET NoE 项目的实际开始。2008 年，"欧洲多学科海底观测网准备阶段"（EMSO-PP）项目正式启动，准备开始实施基础设施建设。

3.1.1 ESONET CA——第一步

ESONET 最早源自 2002 年阿伯丁大学 Priede 领导的欧洲 14 个合作伙伴的协调行动。参与该行动的合作伙伴来自阿伯丁大学、特罗姆瑟大学、国家地球物理和地质力学研究所、CNR 海洋地质海洋研究所、CNRS 海洋生物地球化学实验室、TFH 柏林、应用科学大学、里斯本大学等大学和私营部门。

---

① http://www.esonet-noe.org/About-ESONET/History

ESONET CA 强调欧洲海底地形从大陆架到深渊的重要性，该地区面积大约为 300 万平方千米，与欧洲的陆地面积相当。而且，该地区在资源（食物、能量和生物多样性）方面的地位日益重要。此外，这片区域也是大型自然灾害所在地，如海底滑坡、地震和海啸，这对沿海区域的影响尤其严重。气候变化过程中的一个重要部分发生在海洋系统中，对其进行的监测对于人类的可持续发展尤其重要。补充现有空间和海岸设备唯一的和系统性的方法是建立一组直接或间接连接到海岸的多参数海底永久观测站。这些经过特殊设计的设备能够对关键位点进行长期监测，在这些关键位点能够发现和跟踪最重要的生物学、化学和物理学变化过程。ESONET CA 首次对欧洲海底观测站的现有能力进行了评估。该系统有助于确定欧洲及其他地区对建立系统感兴趣的潜在的利益相关方，并产生了一级配置的观测节点。并且，ESONET CA 正在与美国、加拿大和日本的类似项目建立系统联系，以便建立自己的海底观测计划。

3.1.2　ESONIM——迈向可持续成本模式

由于水下技术平台和关键部件的经常性服务需求处于高成本运行状态，因此海底观测网的经济可持续性一直是一个关键问题。ESONIM 是由爱尔兰海洋研究所 Mick Gillooly 领导的欧洲特定援助行动组织（SSA），它通过一种实用的和灵活的商业计划建立基于ESONET Porcupine 站点的海底观测网。该组织把 ESONET/CA 计划向前推进了一步。

ESONIM 联盟包括 8 个机构（爱尔兰海洋研究所、CSA 集团、IFM-GEOMAR、IFREMER、阿伯丁大学、Goodbody 经济咨询公司、Philip Lee 律师事务所和哥德堡大学）。该联盟由海底电缆观测技术专家、为重大基础设施项目融资建立适当商业模式的专家（负责资本支出与经常性收入来源）、公私伙伴关系专家、大型基础设施采购方面的法律专家、杰出的国际研究科学家和监测机构组成，以确切界定欧洲海底电缆观测预期的测量和输出。

ESONIM 集中于一个特定的地方，搜集与永久海底基础设施相关的法律和行政影响方面的信息，包括保险、服务水平和停止运作等。例如，由 Goodbody 经济咨询公司的融资机构编制的财务模型，以评估融资、建设和运营电缆观测站。该模型的首要功能是评估其所支持的项目所需要的收入水平（假定已经考虑了关于资本费用、供资设施和运营与维护费用）。项目的资助者或潜在的投资人可以使用这套财务模型决定金融回报是否足以抵销投资。

ESONIM 最新的公开报告是一个与区域 ESONET 节点的法律、行政和财务战略实施有关的明确规划。

3.1.3　阿伯丁宣言

ESONET 的实施源自 2007 年 6 月 22 日由欧洲海洋和海事科技共同体制定的阿伯丁宣言。

该宣言为这一共同体组织提供了一项战略，以便在经济发展、环境管理和沿海治理等领域提供重要的增值要素。

3.1.4　ESONET NoE——整合之路

ESONET NoE 得到欧盟委员会第 6 框架计划（FP6）的资助，在该计划中，欧盟委员会提出，在欧盟范围内资助覆盖海底观测领域的卓越网络的可能性。由 Roland Person 领导，43 个研究机构共同提出申请，希望建立一个能够实施、运营和维护从北冰洋到黑海的围绕欧洲多学科的深海观测网络组织，该组织应该把参与机构的资源集中起来并进一步整合，以便能够创造必要的临界物质，消除障碍，并为未来的组织发展制订联合活动计划。

ESONET NoE 计划包括对分布于欧洲海域的 11 个 ESONET 节点的修订，这些节点包括位于北极、挪威边缘、科斯特峡湾、豪猪湾、亚速尔群岛、伊比利亚、利古里亚、东西西里岛、希腊、马尔马拉海和黑海的节点。其中一些节点将在联合国教科文组织负责开发的早期预警系统中发挥关键作用。

通过合作伙伴之间的深度协作，以及工程师和科学家之间的交流，技术整合正在进行之中，主要涉及互操作性和促进最佳技术实践，与正在进行的类似举措（如"东北太平洋时间序列海底网络实验"）的合作是一个关键问题。

ESONET NoE 发起了一个新的非正式结构的私营部门组织，即观测系统设备和服务供应商组织（PESOS），组织成员包括 ESONET 的供应商、合作伙伴或 ESONET 的客户，其目标是协调实现科学、技术的创新。该组织的工作职责包括建立 ESONEWS 的通信及开发新的 ESONET 的网页，以提高相关举措的知名度。

ESONET NoE 正在执行示范任务，其重点放在一套 ESONET 节点上，同时处理具体的科学和技术目标。同时，ESONET NoE 将制定演示任务，并首次设计一套节点和一组关于 ESONET 大多数科学技术目标的原始数据。

3.1.5　EMSO——走向制度建设

根据欧盟委员会的资助计划，由 Paolo Favali 领导的欧洲多学科海底观测（EMSO）计划召集了欧洲国家资助机构，为未来的 ESONET 倡议制定制度框架。

EMSO 项目由欧盟，以及由 Paolo Favali 领导的协调机构 INGV

（意大利）共同资助。该项目的第一阶段已于 2008 年 4 月开始，并由 EMSO-PP 指定（EMSO–准备阶段）工作任务。

3.2　ESONET 的目标[①]

ESONET 包括以下几个目标。

- 科学目标。
- 环境和安全运作目标。
- 技术目标。
- 社会和政治目标。
- 长期治理目标。

3.2.1　科学目标

海洋对地球环境有非常广泛的影响，其中最显著的是对气候变化的调节。理解自然和人为过程与洋流之间的联系，对于预测地球未来的气候变化非常重要。其中，了解靠近海底的深海洋流（如海底边界层的水流）是 ESONET 的科学目标。更广泛地讲，理解导致自然灾害（地震、海啸和海底滑坡）或环境变化（海平面变化、生态系统变化、温室气体变化等）的海洋、生物圈和岩石圈（岩石圈和下面的固体地球）之间的相互作用是未来几十年的主要科学挑战。

因此，如果要了解有关海洋和地球科学的许多重要问题，就需要进行长期观察和协作研究。从 20 世纪 80 年代至今，海洋盆地监测系统正在逐渐开发。在此期间，科学家们见证了"深海观测"概念的实现和逐步加强，以及从早期非常简单的、由单学科仪器化模块向复杂的多参数平台技术的演变。大部分深海观测研究是跨学科

---

① http://www.esonet-noe.org/About-ESONET/Objectives

的，并且有可能在相关学科领域不断进步。

海底观测网将为地球和海洋科学家提供新的机会，使其可以在时间单位从秒到几十年的时间尺度上研究多种相互关联的过程。这些过程包括偶发过程、从几周到几年的过程、全球和长期过程。

偶发过程包括中洋脊和海山的火山喷发，高纬度地区的深海对流、地震及风暴事件的生物、化学和物理的影响。从几周到几年的过程包括热液活动和喷口生物群落的生物量的变化。建立海底观测网对于研究全球过程至关重要，如对于大洋岩石圈和热盐环流动力学的研究。

取样能力的增长将会促进一系列科学领域的进步。

- 全球变化和物理海洋学领域，涉及内容包括深水热盐环流、物理海洋学过程、海洋上层和气候变化、二氧化碳的预算。
- 地球科学、地质灾害和海底界面领域，涉及内容包括从地球内部到地壳、水圈和生物圈的转移，地震灾害，海啸灾害，坡面失稳和泥沙淤积，通过沉积物的天然气水合物造成的流体流动和气体渗流，沉积物深海转移和气候变化。
- 海洋生态领域，涉及内容包括欧洲海洋的生物地理学、光合作用和化学作用驱动的底栖生态系统的时间生态学、上层海洋生态系统、珊瑚礁和碳酸盐丘。
- 非生物资源领域，涉及内容包括能源（可再生资源和碳氢化合物，包括二氧化碳封存）开采或沉积。

3.2.2　环境和安全运作目标[①]

1. 地震和海啸灾害的运作网络

深海观测可以在估计和监测地质灾害方面发挥关键作用，因为

---

① http://www.esonet-noe.org/About-ESONET/Objectives/Environmental-and-security-operational-objectives

地球上大部分地震多发区和最活跃的火山都位于大陆边缘板块的边界，如欧洲南部，因此需要对深海进行连续测量，以有能力快速应对地震和火山喷发等灾害。

为了估计地震参数和预测未来水波的预期高度，需要采用计算机辅助开发海啸发生模型。在所有受海啸灾害威胁的地区，ESONET 开发的深海观测网将装备地震仪及高精度、低频率的压力传感器。ESONET 的每一个节点都将成为覆盖大西洋东部和地中海地区海啸预警系统的基础。

深海观测站需要与岸上进行实时交流，从而把数据整合到现存的海岸站地震观测网中，以便能够更好地理解板块构造边缘的活动和位于欧洲周边海域的重要地震带结构。ESONET NoE 将得益于已建立起来的、能够管理地面网络数据和波形的联系，这种联系是由 ESONET 的一些合作伙伴共同参与的其他欧盟委员会的项目共同建立的。在海啸等其他地质灾害方面，ESONET NoE 将与联合国教科文组织政府间海洋学委员会（UNESCO-IOC）协调行动，其主要根据是 2005 年 11 月在罗马举办的第一届会议上启动的"东北大西洋、地中海和相连海域海啸预警系统政府间协调组"所提出的建议。

2. 海洋学网络

综合业务监测和预测系统，如 MERSEA 和 MyOcean 系统，能够模拟并预测海洋条件。对海洋物理、生物地球化学及在某种程度上对生态系统的实际监测和预报将在未来 2～3 年内完成。卫星遥感和原位拉格朗日数据（In situ Lagrangian Data）为模型提供了大部分必要的同化输入数据，但是还需要有欧拉数据（Eulerian Data）的支持。

ESONET NoE 将提供从地面到海底包含了代表性位置的关键参

数的数据，并把这些数据实时地传输到岸上。有关部署、数据抽样、技术发展、标准化和数据管理的策略等将和处理空间和近地表时间序列的项目整合起来。ESONET 将通过全球环境与安全监测计划（Global Monitoring for Environment and Security，GMES）提供水体中的几个关键参数。其目标是在 GMES 实施后的 4 年内，为物理海洋学海洋环境监测做好准备。ESONET 为 2008 年的"GMES 海洋核心服务早期运行阶段"及下游服务的区域政策提供了技术支持。ESONET NoE 区域发展将考虑全球海洋观测系统（GOOS）区域任务团队的地理政策，包括北极、西北大西洋 NOOS、地中海 MedGOOS、伊比利亚–比斯开–爱尔兰大陆架 IBI-ROOS 和黑海全球海洋观测系统。

在需要监测和预报海洋的大范围时空数据中，时间序列观测站有不可或缺的地位，它们对于模型验证有必不可少的作用。海洋模型和系统表现的评估取决于对现场数据的严格验证。例如，气候情景模型的验证往往需要考虑其再现过去演化的能力，全面综合的数据集可作为其仅有的客观参考。在建立模型的情况下，现场观测为海洋过程的量化提供了必要数据，并可指导和调整海洋过程的参数表现（混合层深度、深水地层、锋面位置、温水池、涡流动能、混合等）。在业务模型背景下，现场观测通过比较以前的预测数据和目标日期中有效搜集的数据，在估计模型输出和搜集的数据之间的差距方面，或者在验证预测技能方面都是非常有价值的。

ESONET 系统能够提供代表性位置上从几天到几个月的时间变化尺度上的数据。

该系统的主要功能包括：

- 提供卫星上无法观测到的变化、过程和事件方面的数据；
- 参考、校准和验证卫星产品；

- 估计和调整模型参数及过程表现；

- 验证同化和预报产品（生态系统变化）；

- 建立有意义的统计（高分辨率光谱、极端事件、手段、方差和协方差）。

生物地球化学模型迫切需要数据，因为卫星不能提供所需的信息，也没有任何观测系统能够提供这样的数据。目前，时间序列观测站是能够提供一套完整的生物地球化学数量（叶绿素、氧气、二氧化碳和营养物质等）的唯一的方法或技术。ANIMATE 项目中已经开发和实现了包括实施数据传输在内的专门技术和基础设施。来自ESONET 的时间序列观测站的优势在于放松自主表面锚定系统功率和数据传输的严格限制。它们开启了适应性采样策略（突发采样）、高分辨率测量和多参数观测的科学前景。

3. 生态系统管理

海洋环境的监测不仅需要物理模型的支持，还需要生态系统模型的支持。近几年，生态系统模型在理解和模拟生态系统的复杂过程方面已经取得了显著进展，包括支配全球碳循环（吸收、封存和释放）及其他气体交换的生物地球化学过程，以及描述水质、初级产物或藻华等沿海生态系统。生态系统模型的表现既基于基础物理的真实性，又取决于良好的观测结果。

管理良好的海洋环境是可持续发展和人类安全的基础，对了解和解决生物多样性丧失的根本原因至关重要。

生态系统管理需要对栖息在深海中的、从大陆架边缘延伸到最深的海沟深处的生物群落的结构和功能有深刻的了解。由于在这样大型区域中取样和监测等工作十分缺乏，以及人类对开阔海域资源的日益增长的需求，因此需要对这个领域进行广泛的调查和研究。深海观测站是接近以下这些临界点的有效工具：

- 深海生物的时空变化；
- 食物供应的季节和年度变化；
- 巨型动物群体的变化；
- 对未知生物物种的描述。

这些工具将有助解决深海生态系统管理的关键性问题，例如：

（1）什么样的变化过程制造或维持了深海生物群落的多样性？

（2）什么是深海动物的垂直和侧向运动？

（3）自然扰动对深海群落的时空影响是什么？

（4）人类的介入如何影响深海生物群落？

（5）哪些变化过程影响天然气水合物沉积的形成、沉积、溶解或排放？

（6）天然气水合物动力学如何影响海底地层生物圈、深海生物群落或气候系统？

3.2.3　技术目标[①]

深水科学电缆观测站技术尚处于起步阶段。与之形成对照的是，由碳氢化合物企业领导的深海探测技术已经非常成熟，其工业化产品和服务随处可见。ESONET 通过与水下工程研发参与者及该领域主要公司和中小企业（挪威国家石油公司、阿尔卡特公司、辉固集团等）合作，利用最先进的技术，为人们高度重视的具有成本效益的新发展和永久观测能力的实施提供必要支持。这意味着，ESONET 将有助于在科学调查领域引入和采用标准，以便在系统和组件层级上实现互操作性。此外，该项目将加强观测系统长期运行能力的建设。因此可以考虑在不同类型的平台上共同使用仪器和传感器，这将提高欧洲科学合作的效率。

---

① http://www.esonet-noe.org/About-ESONET/Objectives/Technical-objectives

欧洲领先的公司和中小企业融入预期的卓越网络对工业界和学术界都有好处。一方面，用户可以根据技术可行和经济可行的解决方案来调整他们对观测系统的要求；另一方面，欧洲的公司能够采用现有技术，并为未来的海洋观测系统开发新的创新方法。因此，ESONET 能够在技术领域方面跟上未来的变化。

近海石油和天然气工业大量使用遥控潜水器。直到最近，欧洲只有少数几个科研机构拥有能够为深海观测台提供服务的深水遥控潜水器。在部分专业化的遥控作业车（Remotely Operated Vehicle，ROV）或移动容器上能够部署各种各样的水下实验仪器。

SERPENT（使用现有工业技术的科学环境遥控潜水器合作项目）是石油公司、工业公司和科学机构共同的合作项目。该项目展示了使用工作级遥控潜水器部署科学装备的能力。ESONET 的目标是基于根据离岸企业的经验定制通用程序，同时提供标准接口，以简化欧洲各观测站海底干预手段的互操作性。

3.2.4　社会和政治目标[①]

ESONET 将对制定保护、保存和可持续利用海洋环境的专题战略做出重大贡献。

为实现这一目标，ESONET 确定了以下三个主要目标群体：

- 社会和经济生活中使用气候和人类活动对大陆边缘生态系统影响的相关知识的人；
- 包括中小企业和石油工业在内的欧洲工业；
- 政府机构。

来自欧盟各成员国的几家中小企业联合起来成立了 PESOS（观测系统设备和服务供应商小组），作为 ESONET 的合作伙伴。PESOS

---

① http://www.esonet-noe.org/About-ESONET/Objectives/Societal-and-political-objectives

将建立一个欧洲中小型企业组织，该组织由对监测欧洲大陆边缘生态系统和海底变化过程感兴趣的人员组成。这个协会将在标准化组织中发挥重要作用。更具体地讲，ESONET 将显示未来在大陆边缘和深海勘探开发领域的环境技术监测和创新需求。ESONET 通过 ESONET 黄页促进与行业和供应商的伙伴关系。

ESONET 观测网络还将通过加强实时监测欧洲边缘动态的能力，改善欧洲社会对地质灾害的防护，同时，向用户传播知识将使欧盟和政府机构能够为世界确定海洋资源和生态系统管理，以及为对抗全球变化制定缓解战略做出重大贡献。ESONET 知识的社会经济用户（Socio-economic users）包括：

（1）评估机构、科学家和决策者；

（2）政府间组织，如联合国的政府间海洋学委员会、联合国粮农组织等；

（3）与全球地震网络等灾害数据相关的国际协议；

（4）国际公约，如生物多样性公约等；

（5）非政府组织；

（6）国家渔业评估和气候变化机构；

（7）相关的欧洲委员会各局，如渔业总局。

ESONET 通过使用公共宣传中心，如水族馆和博物馆等把知识传播给欧洲公众。知识传播工作将专门针对年轻人群体进行宣传，以便有利于把控科学的总体方向，促进科学事业，最重要的是塑造一个对环境敏感的欧洲社会。

一般而言，ESONET 解决了欧洲的战略需求，并通过环境监测强化了减轻灾害这一主要议题的卓越性。ESONET 的社会和政治目标将通过调整现有的研究能力和研究方式逐步实现。

3.2.5 长期治理目标^①

ESONET 是通往在海底创建能够留存数十年的海底观测网道路上的跳板。维持这样一个网络的成本和实际可行性需要欧洲多个资助机构长期采取协调一致的合作，任何一个国家无法单独负担这种长期的费用；建立和管理观测站所需的专门知识不止一个国家拥有；维修和安装设备所需的运输需要共同努力。不过，欧洲所有海洋国家将从 ESONET 中受益。

为了估计基础设施的成本及其可持续性，ESONET 项目正在为深海观测站建立技术、法律和财务模型。ESONET 将继续这一努力，在所选海域搭建 ESONIM 模型。资助机构将被告知正在进行的工作、未来的利益和机会。

ESONET 既将建立的欧洲海洋观测网络的预期的管理结构不易被确定。ESONET 的目标之一是调查 ESONET 在法律、经济和政策方面的可行性，同时为其成功建立有说服力的要素。ESONET 的合作伙伴意识到，规划财务承诺所需的时间将超出 NoE 的生命周期。

NoE 将促进 ESONET 的发展，使其适应研究政策要求，并根据第一个成果的评估结果发布长期计划。这个初步计划是建立一个相互关联的结构，包括：（1）建立担负共同责任和任务（传播、数据管理、标准化、维护、技术等的互操作性问题）的欧洲规模的法律机构，该机构负责提供核心服务并赋予 ESONET 标签，它可能是一个协会、一个基金会、一个欧洲经济利益集团，或者一个致力于欧洲研究的机构；（2）建立一些 ESONET 地区的法律实体。

ESONET 将在虚拟机构 VISO（海底观测虚拟研究所）中建立 ESONET 社区。

ESONET 长期结构与区域法律实体之间的联系如图 3.1 所示。

---

① http://www.esonet-noe.org/About-ESONET/Objectives/Objectives-of-long-term-governance

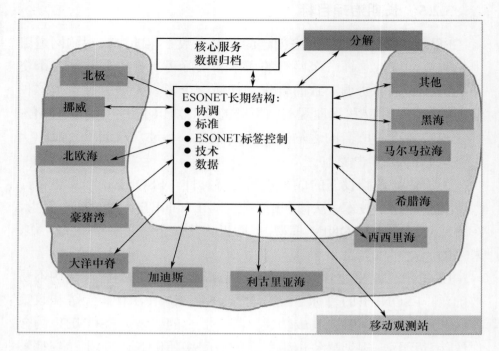

图 3.1　ESONET 长期结构与区域法律实体之间的联系

3.3　主要活动

3.3.1　科学活动[①]

ESONET 项目开始于一些零散的科学领域（海洋环流、气候、生物学、地震学、沉积学、生物声学、地球物理学），开展了一些特别的实验合作。通过在科学和工程领域的研究人员，以及不同的工作包之间建立联系，ESONET 项目加强了整合过程和促进了多学科性综合，从而最终确定了最适合的通用技术和科学方案。第三工作包（WP3）将组织跨学科研讨会，通过讨论科学问题和技术解决方

① http://www.esonet-noe.org/Main-activities/Scientific-activities

案，为最优的观测站设计提供具体而充分的建议。

1. 科学目标

ESONET 的科学目标应随着新成果的出现不断更新，并应在之前的 ESONET 项目成果之上进一步地发展。

向科学理事会和战略委员会报告的科学家小组将负责更新 ESONET 的科学目标，并将通过以下多种方式向科学界传播最新成果和情况：（1）通过组织研讨会，定期更新 ESONET 网站和 ESONET 通信；（2）WP3 的一个主要努力方向是确保 ESONET 中的每一个人都拥有与最新技术和科学发展相同水平的信息，目前，已有一些区域的网络站点被提议作为预期的 ESONET 节点；（3）WP3 将明确处理以科学为基础的场址的优先次序问题，以避免在构建未来欧洲海洋观测网络方面分散努力；（4）将举办讲习班和论坛，审查每个不同站点的讨论，并确定站点实施的长期战略。

2. 通用科学模块

近几十年来，学术界、工业界和军方一直在努力开发深海观测的具体技术，包括系泊、钻孔、地震仪、摄像机、光学设备和声学系统。一些特定的仪器和系统已经得到了巨大的改进，可靠性和模块化也得到了更好的改善，这些都为通用技术的开发铺平了道路。例如，在一些地点建立标准的 MetOcean 水柱测量方法，将直接有助于海洋气候变化监测系统、地质灾害和海啸预警系统。

因此，应在考虑科学要求和需要的前提下，并根据 ESONET 科学目标的规范来发展通用技术。

3. 特定科学模块

为了完成 ESONET 的科学目标，除需要通用的科学模块外，还需要一些用于监测目的的特定模块，并且必须对它们的成熟度加以评估。

ESONET 在欧洲的网络活动，与北美地区各国和日本的工业公司和海底监测网络建立关系，以及与仪器标准化活动和质量评估相关的问题，均需要从方法和技术角度提出新的解决方案，这将为特定设备的应用提供机会。如果其中的一些特定设备适用于 ESONET 网络的科学目标，则将会被选择使用在一个或两个站点上。

下面列出了一些特定设备上的科学模块：

- 沿锚泊线或海底绞车的浮筒剖面图；
- 使用声学方法监测系泊处哺乳动物或鱼类的回声；
- 在 ODP 钻孔中使用"软木"仪器进行实验；
- 使用光谱法（激光拉曼或质谱）的化学监测；
- 高清电视；
- 自动水下机器人；
- 爬虫；
- 污染监测传感器；
- SOFAR 通道中地震事件的声学监测；
- 用于海啸探测的新的算法。

特定设备上的科学模块预期能够完成的任务如下：

- 指定要解决的科学问题和过程（物理、化学、生物、地质）；
- 确定每一个相关现象的衡量参数和参数集，以协助欧洲海洋的可持续管理；
- 演示所收集数据集的科学相关性和所提方法的技术；
- 实施监测设备所在场所的相关性展示；
- 适应现场和问题的采集方法和仪器；
- 传播现有的、增强的或最新的水下监测组件；
- 电缆试验场现有模块的演示和相互比较；
- 指定新的通用和特定站点的科学模块。

3.3.2　数据基础设施^①

1. 数据基础设施应用背景

海洋观测网的数据管理系统必须解决以下几个问题。

- 数据产品来自欧洲的异构和区域分布式观测站节点，并且在数据格式、元数据、分辨率和数据验证方面具有不同的特征。

- 数据归档中心存在一些数据类型，但尚未完全适应其他参数。

- 为了从多个来源访问数据产品，需要以统一的方式对数据进行质量控制，并需要在数据提供者和数据用户之间进行协调。

- 该网络可能会被扩展，因此必须与现有和未来的 GEOSS 相关的地球观测系统整合，全球环境和安全监测（GMES）的专题门户政策正在建设中。ESONET 将与 GMES 进行协调。由于空间数据基础设施（SDI）的现有概念和实现遵循不同的体系结构，且使用不同的标准或事实标准（INSPIRE），所以 ESONET 与其他系统的集成受到了阻碍。

- 环境监测过程会产生大量数据。独立使用这些数据和相关服务需要大量的数据存储容量、计算机资源及适当的网络带宽。欧洲数据中心当前的计算和存储容量，以及欧洲网络的带宽至少应满足示范任务。根据数据类型和捕获频率的不同，可能需要额外的能力来过滤、处理、评估和可视化数据。

- 必须确保数据的长期保存和公开出版。

2. 数据基础设施完成的活动

具体来讲，下列几项活动应予以深入处理。

- 必须为网络系统制定出新的数据管理概念，包括可能的数据流

---

① http://www.esonet-noe.org/Main-activities/Data-infrastructure

组织方案，制定新的数据管理概念的基本原则是为科学和教育（GEOSS 数据共享原则）进行全面和公开的数据及信息交换。

- 实施和检查包括传感器注册表在内的独立于硬件的空间数据基础设施（SDI）。这些基础设施的互操作性将主要基于全球接收的信息标准（Sensor ML、ISO19×××标准系列、SOAP/WSDL、GRID 标准等）和现有的空间数据基础设施（SDI）的实施。这项活动将与第二工作包（标准化与互操作性）合作进行。

- 组织和利用欧洲和国际数据中心的元数据和数据产品的数据（包括可实时或近时和基于事件的）、长期存档、发布和出版。ESONET 将依托全球和泛欧洲海洋数据管理基础设施（SEADATANET/NODC 和 ICSU-WDC）所有这些活动，并与欧盟 INSPIRE 倡议与其他欧洲项目（如 CarboOcean、MERSEA 或 HERMES）紧密合作。在类似全球资源数据库的结构中，综合利用欧洲的长期能力不仅是第四工作包（WP4）示范任务的基础，而且还将保证第七框架计划（FP7）中可能的生产性观测网络的可持续运行。

- 可用的 ESONET 服务应建立在公共数据基础设施之上（数据发现和下载，以及极端事件的处理等）。

- 上述项目应在示范任务的测试和现场勘测中实施和检查。

▶ 3.4 欧洲海底科学观测网现状

3.4.1 正在开展的研究计划——示范任务[①]

ESONET CA 报告确定了 7 个尚未装配电缆的地点，以作为未来

---

① http://www.esonet-noe.org/Demonstration-missions

深海海底和水柱观测站的优先目标。在这 7 个地点中，应重点关注由第一次项目征集获批的 2 个示范任务。

- LOOME 在 NORDIC 场地的示范任务，用于观测位于 1000m 水深处的爆发频繁和气体喷发活跃的哈康莫斯比火山（HMMV）。

- MoMAR 示范任务位于 AZORES-MoMAR 地点，这是一个正在进行的观测项目，已得到国际支持，并有欧洲各地 14 个以上机构的参与。

此外，还可能计划在 ESONET CA 报告中没有指明的其他站点规划示范任务，但对具体的任务需要提供最佳方案。

例如，位于马尔马拉海的马尔马拉示范任务，与人口稠密的伊斯坦布尔地区（900 万居民）大型破坏性地震有关。影响伊斯坦布尔的破坏性地震发生在 1509 年和 1766 年。另一起地震发生在 1894 年。1999 年，Izmit 和 Duzce 的地震加速了马尔马拉海和爱琴海西北地区的地震活动。ESONET NoE 将确定深海观测站在多大程度上可以帮助评估和减轻地震对马尔马拉海周边人口造成的危害。

ESONET NoE 还选择了 2 个 LIDO（倾听深海环境）示范任务，分别位于西西里岛和伊比利亚西部。这个研究计划将有助于建立科学基础，以允许对非生物和生物声音进行实时自动识别和分类；监测海洋生物和群体动态；评估和控制人类活动对海洋生物的长期影响；使公众、终端用户和行政机构接受教育；促进伦理准则和程序获得批准。

第二次项目批准了 2 个示范任务。

- 豪猪深海平原的 MODOO 示范任务，位于爱尔兰西南 560km 处。
- 在北极海域、西斯瓦尔巴德大陆架和斜坡（西部峡湾海峡北纬 78° 至北纬 80°）的 AOEM 示范任务。

3.4.2 AOEM——北冰洋 ESONET 任务[①]

随着气候变暖，北冰洋将成为最重要的和不可逆的环境变化发生地。对关键地点和过程的持续的海洋观测对于了解气候变化的"轨迹"至关重要，观测的内容包括气候变化是渐进的还是一系列的临界点，以及对地球系统过程和生态系统反馈的结果是什么。弗拉姆（Fram）海峡和西斯瓦尔堡大陆架是进行持续海底或海洋观测，以及了解北极气候变化的关键地点，并且已经成为与 HAUSGARTEN、Kongsfjord 和 KONGHAU 项目一起进行长期观测的场所。

监测北冰洋海底—海洋交换和北冰洋海洋学业务网络是北冰洋环境监测任务的子项目，涉及加强监测北冰洋气候变化的科学认识、技术和实时环境数据流的重要方面。最重要的任务是协调这一领域的各种举措，以优化资金问题，并在北冰洋建立长期的监测基础设施。

MASOX 和 ARCOONE 两个子项目将被部署在指定的北极 ESONET/EMSO 地点，这两个子项目包括 HAUSGARTEN、Kongsfjord 和 KONGHAU 项目，目前正在监测西斯瓦尔巴德大陆斜坡和大陆架上的生物海洋学。横跨弗拉姆海峡的 ARCOONE 项目，连接着 HAUSGARTEN 项目和位于西斯瓦尔巴德大陆架的 MASOX 项目。事实上，新的挪威 SIOS（西斯瓦尔巴德综合北极地球观测系统）为开发北极 ESONET / EMSO 站点提供了至关重要的推动力。

总体而言，了解气候变化对北极地区的影响是一项紧迫的科学挑战，具有重要的社会意义。ESONET 北极节点最初由 AWI 于 1999 年开始实施的 HAUSGARTEN 所定义。HAUSGARTEN 以生态系统特性和底栖生物学作为重点观测领域。近年来，Kongsfjord 和 KONGHAU 两个项目被用来监测整个西斯瓦尔巴德大陆斜坡的生物海洋学情况。

---

① http://www.esonet-noe.org/Demonstration-missions/AOEM

MASOX 和 ARCOONE 两个子项目都将部署在指定的北极 ESONET/EMSO 地点。ESONET 北极节点实施计划的第 3 阶段（从 2010 年起）包括 HAUSGARTEN 观测站与海岸之间的电缆连接。拟开展的挪威 SIOS（西斯瓦尔巴德综合北极地球观测系统）将为开发北极 ESONET/EMSO 网站提供重要动力，包括部署海底电缆和节点以整合 HAUSGARTEN、Kongsfjord、KONGHAU、MASOX 和 ARCOONE 项目。在弗拉姆海峡的另一个长期观测系统是位于北纬 79°的广布系泊组合。该系统一旦获得水下数据传输技术，并铺设一条通往 HAUSGARTEN 的海底电缆，就将连接弗拉姆海峡和 HAUSGARTEN 之间的海洋系泊系统。维持这么庞大的系泊阵列成本很高，因此系泊阵列也会受到影响。

为了克服分辨率和实时能力的局限性。在"开展长期环境研究的北极模型和观测能力"（DAMOCLES IP）中，通过实施一个经济有效的集成系统，将声学测温数据纳入最先进的高分辨率冰-海模型中。据此，ESONET 和 DAMOCLES IP 在弗拉姆海峡发展了互补的观测站，并且提供了两个系统的融合技术。

由于以上这些原因，AOEM 项目将对 ESONET 和 EMSO 产生很大的影响，因此资助机构需要进一步了解海底观测站的必要性，并促使政府增加对海底观测站的支持。

AOEM（北冰洋 ESONET 任务）将完成以下任务。

- 从北冰洋偏远地区提供基于网络的复杂地球系统过程的实时监测数据，从而使公众和政府团体认识气候变化的问题。
- 开发新的观测站技术和陆地基础设施，用于其他以"冷渗"流体排出和释放游离气体为特征的海底观测站，或者用于偏远、高纬度、高能量的海洋环境。

- 整合多个复杂的和技术先进的观测平台的数据传输并非易事，需要花费大量精力和时间来设计、评估和测试各种潜在的解决方案，以便将硬件组件和信息流与有线节点连接起来。AOEM 作为建立弗拉姆海峡观测系统的组成部分，在建立永久连接和运行数据传输中是不可或缺的。预期的 AOEM 的观测结果中最重要的应用是，在部署陆地基地电缆时，能够迅速实施所选择的技术解决方案。

- 设计和评估不同仪器模块搜集数据的不同情景和技术，以及 AOEM 提供的弗拉姆海峡现有数据流的方法，将有助于通过仪器设备，在补充测量增加的数值、数据存储和传输等方面进一步优化和改善综合观测系统。

- AOEM 用于断层扫描和水下导航的声学网络将应用在冰下操作滑翔器和浮标等设备上，当冰面条件阻碍无人驾驶车辆和卫星之间传输数据时，可以将数据通过滑翔器传输到电缆节点。

- AOEM 将确定可用有线网络获得的海洋水柱数据，并重点关注潜在用户的需求。当 HAUSGARTEN 使用电缆时，可以搜集底部边界湍流或底部以上海流剖面等额外数据，用于监测海底风暴，以及湍流活动与生态系统的联系。

- 利用 AOEM 的观测结果，电缆系统的优势将表现为减轻功率的严格限制和数据传输自主系统的限制，从而提高系泊观测站的成本效益（增加部署周期），并可确保数据恢复。

- 在科学、国家和国际政策论坛上形成了这样一种观点：将现有的北极 ESONET 站点发展成为一系列的观测实验，并汇总成一个"科学临界质量"，值得持续每年为船只提供服务，由各国的资助机构提供资金，并在较长的时期内建立多节点的电缆观测站基础设施。

AWI 和 NOC 将负责数据归档,并将归档后的数据提交给 BODC 和 PANGEA 数据中心。同样,来自 MASOX 和 ARCOONE 的技术开发和传感器集成将在更广泛的 ESONET NoE 中产生较大的影响。与弗拉姆海峡的海洋水域监测的所有合作伙伴进行国际和跨学科合作,将有助于更好地规划和协调野外实验,调整数据传输通用标准,更有效地利用现有基础设施,并广泛优化未来能力的发展和实施。

AOEM 将利用以前和正在进行的海洋项目的经验、知识和监测技术,特别是 DAMOCLES IP 和 HERMES,并将进一步开发这些技术和方法,实施试点解决方案,并为弗拉姆海峡和西斯瓦尔巴德大陆架观测站的海洋数据搜集提供长期的战略支持。AOEM 将成为北极区域海洋观测系统(北极 ROOS)的一部分,从而为 GEO 任务 CL-06-06 全球海洋观测系统(GOOS)做出贡献。AOEM 将与 AOSB 支持的 iAOOS 建立联系,确保 AOSB 成员参与到项目中,并确保其多学科和跨大西洋的观点得以保留。由于北极 HAUSGARTEN 海底观测站也是 HERMIONE(热点生态系统研究和人类对欧洲海洋的影响)项目的主要研究地点之一,因此该项目也将从弗拉姆海峡测量的协同开发和集成中受益。增加 ESONET 北极节点的观测范围将有助于跟上相关欧洲站点项目(EuroSITES)海底观测站的发展。EuroSITES 包括在挪威海域的 Mike 站,科研人员将能够得到综合海洋物理数据及其在 EuroSITES 的业务传输所取得的经验,以确保协同效应和成本效益。

在设计未来行动和基础设施的长期管理时,AOEM 将从 EMSO 项目正在取得的成就中获益。在 MyOcean 项目中,北极门户将由 NERSC 维护,用于传播 AOEM 的观测结果。ARCOONE 计划的活动与 2008 年年底启动的欧盟项目 ACOBAR 正在开发和实施的新技术(断层扫描、声学通信和导航、滑翔机)紧密协调和结合。最终,

AOEM 的观测结果将为 ACOBAR 和 ESONET 技术组件的评估和改进提供反馈。

位于斯瓦尔巴德的地点需要合作，并需要与欧洲各国的有关研究基础设施规划建立联系。在欧洲研究基础设施战略论坛上，新的 SIAOS（斯瓦尔巴德综合北极观测系统）倡议旨在成为北极持续观测网的一个主要组成部分。AWI 和 NERC/NOC 都是 SIAOS 项目的合作伙伴。显然，在实施 AOEM 项目后，北极地区未来的有线观测站的数据业务交付应该被纳入更广泛的数据集成工作之中。

3.4.3　ARCOONE——ESONET 中的北极业务海洋学网络[①]

1. 海洋学网络的目标

深海长期观测站 HAUSGARTEN 是 ESONET 的主要观测站点之一，用于探测和跟踪北大西洋北部和北冰洋中部之间过渡区域的环境变化，是通过实验确定控制深海生物多样性的关键因素。确定海洋深度的相关性需要一个较宽的深度范围，这意味着这个观测地点应该在 Molloy Hole 附近。在 EMSO 倡议的 ESFRI 路线图中，作为"北极地点"的 HAUSGARTEN 是 5 个预选的海底观测站之一，并被明确提名为有线连接的主要候选者。

由于弗拉姆海峡是北欧海域与北冰洋之间唯一有中深水交换的地方，因此它是北冰洋区域海洋观测系统北冰洋科学委员会（AOSB）建议的北冰洋综合观测系统（iAOOS）的关键地点之一。自 1997 年以来，16 个海洋学系泊设备一直在不同项目的框架内运行，包括欧盟 VEINS（北欧海域的交流变化）、欧盟 ASOF-N（北极—亚北极海洋通量—北方）、欧盟 DAMOCLES（开发长期环境研究的北极建模和观

[①] http://www.esonet-noe.org/Demonstration-missions/AOEM/ARCOONE

测能力）及各种国家机构，以监测海洋水柱特性和海洋平流。由于洋流对底部地形的依赖性很强，特别是在有较弱层的极地海洋中，需要在最小的海底梯度区域内进行物理海洋学观测，这意味着与HAUSGARTEN 的测量距离很远，因此这种做法是有争议的。近年来，人们已经开发了广泛的新技术，用于监测体积和热交换（声学断层扫描、滑翔机的海洋剖面图）和锚定阵列（声调制解调器）的数据传输（如在 DAMOCLES IP 中实施），并且这些技术正在实施当中（如在北极海洋项目观测内部的声学技术中实施）。然而，迄今为止，HAUSGARTEN 深海观测站和海洋学/断层成像锚定装置一直作为单独的仪表化模块进行维护，很少利用补充测量、现有的和计划好的基础设施使其一体化。HAUSGARTEN 电缆连接到陆基的计划将为科学家提供一个独特的机会，把弗拉姆海峡地区的所有独立测量数据纳入多学科和可持续的观测站，将海底和海洋水柱包围起来，并能提供范围广泛的近实时（NRT）业务的现场测量数据。ARCOONE DM 旨在制定接口的最佳技术解决方案，通过系泊向有线节点传送数据，并建立数据传输的通用标准。通过全面监测当地的自然环境，强化在HAUSGARTEN 中持续进行的生态系统观测工作，从而提高集成的科学质量和成效，这将为长期跟踪全球变化，以及在较短时间尺度上研究过程提供重要附加值。将弗拉姆海峡地区采用的各种新技术整合到一个统一的和优化的监测系统中，可以形成成本效益高的野外工作、改进的部署策略和数据采样，并为整个社区提供不同数据集的最佳组合。弗拉姆海峡观测系统不同组成部分的技术网络需要定义和开发硬件，也需要建立传输和整合不同数据集的共同标准和协议。

西斯瓦尔巴德是监测西部弗拉姆海峡大陆坡和大陆架生物海洋学的 HAUSGARTEN 和 Kongsfjord 项目长期观测的重点。最近，StatoilHyrdo 资助的 KONGHAU 项目把这两个项目联系在一起。增加 AOEM（包括 MASOX 和 ARCOONE）将为观测计划提供一个新的维度。这种多学科研究将在一个地点建立"临界质量"，从而与 5 个拟议的被指定为未来值得使用多节点有限电缆观测基础设施的 EMSO 地点之一相一致。科学家们希望利用 AOEM 提供的机会，在不同的研究小组之间建立联系，并形成一个核心，以便为北极海底观测研究提供更加一致的、协调的方法，这种方法应超越目前的 ESONET/EMSO 项目。

2. MASOX—监测北极海底—海洋交换[①]

北极 ESONET/EMSO 站点位于甲烷水合物主动分解的位置。由于甲烷水合物释放出的甲烷是气候变化和大陆边缘灾难性崩塌的关键原因，因此监测甲烷的分解是必要的。从西斯瓦尔巴德岛大陆架和斜坡的多学科研究中可以发现，有 250 余个游离甲烷气泡从海底喷出，并立即向陆地方向移动，直到天然气水合物稳定区的边缘（目前位于水深约 396m）。MASOX 的核心科学目标是确定把热量传导到海底以下沉积物的北极浅海与气候变暖是否有因果关系，这会进一步扰乱甲烷水合物的热力学稳定区域，增加向海洋和大气释放自由和溶解的甲烷气体（通过氧化还原反应产生的二氧化碳），从而对海底生态和生物地球化学循环产生影响。

MASOX 由来自 AWI、IFMGEOMAR、NOC、IMR-Bergen 和特罗姆瑟大学的研究小组组成，采用了一种综合多学科的方法来记录海洋和沉积物之间的物理热通量，海底水合物的相变，以及沉积物和海洋之间的气体和流体的交换及相关的化学反应。MASOX 将综合利用各种测量结果，并建立一个地面气象站，以便将数据实时地传输到海岸。

---

① http://www.esonet-noe.org/Demonstration-missions/AOEM/MASOX

图 3.2 展示了天然气水合物稳定带（GHSZ）在海上 W-Svalbard
的位置，以及甲烷释放到水柱中的途径。

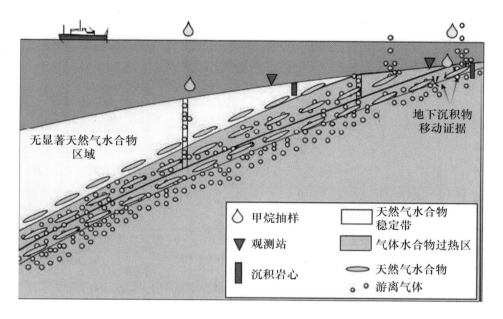

地下沉积物
移动证据

无显著天然气水合物
区域

甲烷抽样	天然气水合物稳定带
观测站	气体水合物过热区
沉积岩心	天然气水合物
	游离气体

图 3.2   天然气水合物稳定带（GHSZ）的位置和甲烷释放途径

地球物理实验将重点关注对气体喷发速率的物理控制，以及气
泡羽流的明显的脉动行为。对孔隙水和水柱的地球化学分析将评估
来自分解和产热源的甲烷的来源，以及随后可能导致溶解氧水平降
低和海洋酸度增加的化学变化。生物实验将评估后生动物对这些独
特的甲烷渗出栖息地长时间暴露于酸性条件的反应，包括对非特有
物种的调查和底栖生物的实验，这将是世界上首次对海底水合物分
离沉积和相关化学合成栖息地进行的持续时间序列的观测。大多数
传感器技术已经得到利用和证实，如挪威国家石油公司开发的新"北
极"海底着陆器系统和地面浮标系统，这些系统将构成观测站的核
心。数据和传感器整合将是这个示范任务的主要挑战，但一旦完成

整合则将产生一个多学科的、时间同步的一套地球物理、地球化学、海洋学和解离水化合物的生物数据。MASOX 的一个重要任务是通过一个新的项目网站实时提供这些数据。这种实时数据传输的优势，加上浅水深度（350～400m）的特点，为从实验设计和实验室测试到全面部署"冷渗"传感器提供了很好的试验平台。

MASOX 项目计划在 2009 年 3 月至 2012 年 8 月共运行了 40 个月，其中包括 2010 年 7 月至 2012 年 6 月的三次海上部署。MASOX 项目的 ESONET 示范任务部分在 2009 年 3 月至 2010 年 10 月共运行了 20 个月，其中包括最终着陆器设计、传感器集成、首次部署，以及前三个月通过网络提供的相关实时数据的海上监控。

3.4.4 与 ESONET NoE 目标相关的内容

MASOX 项目（西斯瓦尔巴得群岛）将推进 ESONET 的一些核心目标，这将为北极海底观测站的发展奠定基础。该项目将探讨天然气水合物稳定性、全球气候、生物地球化学循环与海洋生态之间的联系。该项目将现有 ESONET 合作伙伴提供的尖端着陆器技术与最先进的传感器系统集成在一起，这需要业界伙伴以实物形式做出贡献，以确保学术界和行业之间保持高度的标准化和互操作性。该项目将通过卫星从偏远的高纬度地区展示海底监测数据的传输能力。该项目为现有的 ESONET 站点增加了巨大的价值，并将提供多学科研究的"临界质量"，因此可以按照 EMSO 的设想在未来安装一个多节点的有线观测系统。

根据所有全球气候变化情景（二氧化碳浓度至少增加 500 ppm），可以预测北冰洋将发生大规模和不可逆转的变化。利用海洋—大气耦合模型（如 CHIME 模型）可以预测出，北极浅海的表层海水温度会升高 5℃，到 2100 年前将升高 14℃。实际上，通过对弗拉姆海峡西部水深 250m 的上层水域的直接观测可知，1998 年至 2006 年水温升高了大约 1℃。最近的海洋地球物理研究发现，在北冰洋（包括斯瓦尔巴德以西）出现了甲烷水合物，并确定了其热力学稳定性的一些界限。最近的发现显示，斯瓦尔巴德地区有游离气体排放甲烷，其水合物在 350～400m 深的水下。

MASOX 还将评估甲烷释放对底栖生态系统和海洋生物地球化学循环的影响。这种气候变化与灾难性甲烷释放之间的因果关系在过去的地质学年就已存在，且北半球大气中甲烷变化发生在 4.5 万年前。要解决这样一个科学问题，就需要在更长的时间间隔内，采用多学科方法来记录从海洋到沉积物的物理热通量、海底水合物相变、从沉积物到海洋的逆转物理通量及相关的化学反应。因此，MASOX 将综合使用 CTD、电流表、流速仪和海底热流探测器对流海洋流动和温度进行测量。

这是一个雄心勃勃的综合性的科学项目，该项目用于记录岩石圈和水圈间的状态转换和物理/化学通量。这个项目将是世界首个在海底持续监测游离的甲烷水合物沉淀的项目。该项目所需的大多数传感器技术已得到验证，但是需要做出相当大的努力和协调工作，才能将所有这些传感器系统集成到一个连接的海底着陆器—表面浮标系统中。该系统包括必要的数据、电力管理系统、采样方法和数据传输协议。数据集成将是此次示范任务的主要挑战，也可能是加快团队科学一体化的最有效的工具。该项目的最终产品将是一套多学科的、同步的、时间序列的数据，这套数据由相互连接的自主仪器产生，时间作为其唯一的共同变量。这套数据将使人们能够确定甲烷水合物分解的变化过程，并确定甲烷释放和气候变化影响之间的关系。虽然研究人员计划运行 MASOX 已经两年（取决于船舶资助请求是否成功），但是 ESONET 示范任务的部署提早了三个月，研究人员期望能够记录由于气候变化造成的时间尺度上的差异，以及 1～1.5℃的季节性海底温度变化造成的影响。MASOX 项目所需的科学与技术整合非常重要，该项目中的 7 个项目工作包中有 5 个涉及的问题包括 WP1 传感器开发和着陆器基础设施、WP2 地球物理实验、WP3 地球化学和通量实验、WP4 生物/海洋学实验、WP5 数据协议和管理。

MASOX 项目的一个重要特点是纳入卑尔根海洋研究所（IMR）。IMR 之前从未与 ESONET 和 ESONET 的伙伴合作过，尽管 IMR 是世界领先的着陆器系统工程提供商，在新型数据管理 IP 系统、表面浮标风力发电和电池存储、自适应采样策略和电力使用管理、高纬度部署和实时数据传输等方面拥有独特的专业知识。在 MASOX 中引入 IMR，将有望扩大和整合 ESONET NoE 中的技术基础。同样，IMR 将受益于 NOC 和 GEOMAR 传感器在其着陆器系统中的使用和调整，并有望在北极海洋观测中增加使用。

虽然大多数技术已经存在，但从实验设计、实验测试到全面部署 MASOX 观测站为传感器的开发提供了很好的机会。相对浅的深度（350～400m）和实时数据传输为分阶段的传感器开发和数据验证提供了一个绝佳的机会。例如，NOC 将于拟议项目计划的第二年，在部署全套海洋深度传感器和其他站点建好之前，向 MASOX 着陆器添加新的甲烷和二氧化碳原型传感器。

3.4.5　LIDO——倾听深海环境[1]

海洋环境充满了自然和生物的声音，而且现在越来越多的人为来源噪声也增加了海洋的噪声。海洋中的声音对海洋生物的影响，以及对海洋生物的影响程度是科学界和一般公众目前都十分关心的

---

[1] http://www.esonet-noe.org/Demonstration-missions/LIDO

问题。科学界对声音产生兴趣是因为想要更多地了解声音的产生和接收对海洋生物的行为、生理和生态学所起的作用。公众对声音产生兴趣主要是因为想要了解人类的声音对海洋哺乳动物的潜在影响，因为人们普遍认识到声音在这些物种生命中的重要性。对于声学海洋学家、海洋地震学家和矿物勘探者来说，声音是确定海底地质结构并发现深海油气储量的最强有力的遥感工具。整个人类社会都将从这些活动中获得许多知识和实际利益，包括海底测绘声呐和发现大量近海石油储备的技术。科学家和公众也敏锐地意识到，声音不仅是许多海洋生物了解周围环境的主要手段，还是许多海洋哺乳动物和鱼类进行沟通、导航和觅食的主要手段。事实上，对海洋生物声音的研究有助于人类深入了解生物学的众多重要问题，并有助于人类管理海洋生态环境。除其他数据来源外，这项研究还可以更好地评估深海群落结构（物种组成）的动态；空间和时间上可变的食物供应对海洋生物的影响；深海动物，特别是抹香鲸、有喙鲸、须鲸及海豚等鲸目动物的垂直和横向运动，以及这些运动在深海动物运输养分中的重要性；自然扰动对深海群落的时空影响，对深海鲸目动物群落的人为影响；长期跟踪和监测自然和人工噪声源之间的相互作用。相关内容可以参考专门的网站 http://www.listentothedeep.com/。

1. 倾听深海环境的目标

实现 ESONET 目标，以及评估人类和自然对海洋噪声的影响等至关重要的关键问题。

- 通过 ESONET NoE 把欧洲水域现有的人为声源的数据和噪声数据集中于一个地点。
- 发现人为噪声与人类活动水平之间的定量关系。
- 建立涵盖 10～100kHz 频段的长期海洋噪声监测计划。
- 对海洋生物声音和生物体的分布、迁移模式、特征和分类进行研究，特别是对鲸目动物的关注和研究。

- 长期监测不同地区的海洋噪声，监测重点是海洋哺乳动物栖息地。
- 研究海洋噪声对海洋生态系统中非哺乳动物物种的影响。
- 向 ESONET NoE 提议，在欧洲层面协调海洋噪声的监测和研究，以及研究海洋噪声对海洋生态系统的影响。

对于海洋环境中人为噪声的影响和控制的相关研究的设计与实施是跨学科的工作，这一工作需要电子专家就监测自然、生物和人为声源的传感器选择和校准做出贡献，并提供专门知识；需要物理声学家处理 ESONET NoE 提供的信号和信息；需要海洋生物学家确定与物种声音相关的行为和季节性；需要心理声学家评估物种的听力敏感性；需要统计学家为数据处理架构的初步设计、数据分析提供帮助。LIDO 的数据处理架构如图 3.3 所示。

2. 实时音频流服务器

音频流媒体服务器将从记录的数据中选取一个频道，并在原始采样速率的基础上重新采样以适合互联网流媒体，最终将其提供给访问者（延迟约 20 分钟）。从理论上讲，应该存在一种方法以限制听众的数量，并控制可以通过实验室运行的网站，但这可能是不必要的。

3. 预处理服务器

接收 4 个通道原始音频输入时，需要对数据进行分析（如 30 秒片段），然后对以下类别的噪声逐一进行预处理。

（1）正常环境噪声：丢弃数据。

（2）船舶噪声，异常环境噪声：保持 1 个通道，根据频率内容下行采样，并发送到预处理服务器。

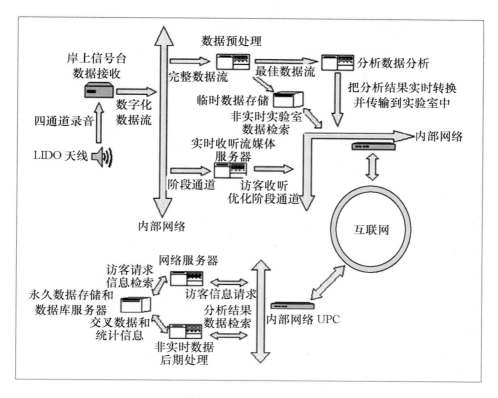

图 3.3　LIDO 的数据处理架构

（3）鲸类信号，保留所有 4 个通道，根据频率内容采样，并发送到预处理服务器。

发送到预处理服务器的所有数据也同时发送到临时存储单元。

4. 临时存储单元

从预处理服务器接收数据并将其存储在磁盘上。该预处理服务器预计最多可存储 1 周的数据。在固定时间间隔（可能在夜间）内，数据将被移动到实验室的永久存储单元。其处理软件应能处理所有可能出现的连接问题，并自动选择需要传输的待处理数据，同时删除已经发送的数据。

5. 实时分析服务器

以 30 秒为单位对数据进行分析；该实时分析服务器上的一些任务可以并行处理。如果有时间限制，则其中几个模块可以在不同的机器上并行处理，因此需要编写软件来处理数据流和处理的并行化。将分析结果发送到实验室，该软件应能够处理连接问题（临时存储结果，直到连接恢复正常）。

分析内容包括估计的声压的水平（分离正常的环境噪声和附加信号）；识别和跟踪船只；识别和跟踪鲸类；定位和跟踪脉冲信号。

6. 实验室的非实时处理服务器

实验室的非实时处理服务器进行的工作包括实时接收数据分析结果并将其存储在数据库中；以固定的时间间隔，从远程临时存储单元下载感兴趣的数据；对更大的数据片段执行后期处理，而不是实时处理。例如，创建航运和鲸目动物活动的日、周、月等数据的统计摘要。

7. 永久存储单元

永久存储有用的数据和分析结果。

8. 网络服务器

向访客提供实时（延迟 20 分钟）和历史分析结果，以及有关工程、噪声等的资料；允许被授权的访客连接实时数据流；准许已登记用户下载其感兴趣的数据。

3.4.6 LOOME——对泥火山爆发的长期观测[①]

LOOME 首次建议对泥火山喷发前、喷发中和喷发后的一系列活动进行详细的时间变化研究。此外，LOOME 还分析了泥火山的

---

① http://www.esonet-noe.org/Demonstration-missions/LOOME

一系列活动对天然气水合物稳定性、海底形态及底栖生物群落分布和聚居模式的影响。该项目的一个主要目标是综合利用现有技术，建立一个自主的非电缆式海底地震观测站，以观测海底地震活动、温度和孔隙压力、化学剖面测绘、气体火焰声纳探测和底部水文地理，并研究群落结构和生物多样性。该项目的传感器系统和生物实验将整合到围绕深度穿透地温和地声记录单元的组合，这将为泥火山的喷发事件提供早期预警。

该项目的示范任务将由来自挪威、法国和德国的海洋地质学家、地球物理学家、化学家和生物学家组成的联合团队共同执行，该联合团队通过外部、国家和机构基金支持 LOOME 示范任务。

哈康莫斯比泥火山（HMMV）于 1989 年被发现后，各种国际考察团对其进行了考察。自 1999 年以来，LOOME 的多个合作伙伴定期访问 HMMV。HMMV 最大直径约为 1.4km（面积约为 1.2 km^2），但其海底特征高度只有 15m。这座火山坐落在一个巨大的气体烟囱的顶部，形成了一个通往地下的 3000m 深处的窗口，温暖的富含甲烷的液体从窗口中被压向寒冷的海底。在海底 500m 左右的外缘下，甲烷水合物在平面中心周围形成一个厚度为 200～300m 的环。这个富含水合物的环比周围的沉积物要轻，因此海底的抬升使其形成了一个隆起表面。由于冷却上升的液体在水合物形成的基础上逐渐增加，因此在其表面形成了片状和间歇性侵蚀。

哈康莫斯比泥火山的海底栖息地由几个同心区域组成，这与流体流动的模式有关。通过利用 ROV Victor 的声呐系统进行微深度测量，考察团制作了两幅详细的地图，其中一幅于 2003 年绘制，另一幅于 2006 年绘制。同时，通过对大面积 HMMV 进行视频拼接，考察团发现亚表层水合物环以上约 300m 宽的隆起外缘被共生的管状蠕虫占据；在管状蠕虫领域之间，当水合物被侵蚀并且富含气体的温热液体到达海底时，就会产生灰色的微生物丛；中部平原区和管状蠕虫丘陵之间的过渡区域被巨大的硫氧化细菌群覆盖，这些细菌群也是一种特殊类型的动物群的宿主；中心海底由灰色的还原泥浆组成，有时表现出波纹、裂缝和直径从厘米到米的孔洞，这些代表了气体、流体和泥浆的逃逸通道。哈康莫斯比泥火山（HMMV）研究地图如图 3.4 所示。

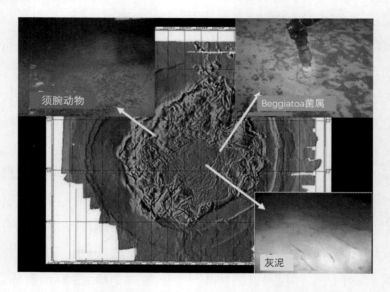

图 3.4　哈康莫斯比泥火山（HMMV）研究地图

有确凿的证据表明火山喷发是有规律的。因此，科研人员将在该火山设置一个观测站，并在一年的时间内使用各种传感器以记录事件。

有必要记录一系列发生在火山喷发前、喷发期间和喷发后的事件。为此，科研人员在不同的学科方向"观察"：聆听来自深层沉积物的声音，这些声音是由泥浆运动引起的；预计火山喷发之前会有更响亮的声音，但从来没有人听到过深海泥火山发出的声音；通过跨越预期"热点"的一串传感器，记录沉积物表面的温度和水化学性质的变化；当使用这些传感器测量出较大的变化时，扫描声纳将被激活，并将测量水柱中的事件；希望能够得到甲烷羽流的图像，以提供关于气体释放量和释放时间的信息。

该观测站于 2009 年 7 月部署，于 2010 年 8 月恢复了仪器和数据的使用。

3.4.7　Marmara——马尔马拉海在 ESONET 内的示范任务①

马尔马拉海和伊斯坦布尔地区是北安纳托利亚断层系统中唯一没有在 20 世纪经历大地震的地区。因此，这个人口众多的地区（超过 1500 多万居民）具有极高的地震风险。

作为 ESONET NoE 的一部分，马尔马拉海示范任务（DM）的目标是协助建立优化的永久性海底地震观测站。马尔马拉海是海底地震观测站的理想位置，可直接用于风险评估。与欧洲其他任何海域相比，该区域变形速率（20 mm/y）非常高，导致其在较短的时间尺度上可以测量出活跃的海底过程。此外，在马尔马拉海断层有许多流体喷口相关的特征。因此，该区域是唯一能够检验位移变形、地震活动、流体流动与活动断裂带内天然气排出之间关系假说的区域。加深对流体—断层耦合过程的认识，有助对地震前兆的识别，也有助对边坡不稳定性的评估。该区域靠近海岸线（只有 5～30km 远）因此更有利于后勤工作，这使得建立永久性海底观测站更具有成本效益和现实意义。

参与该项目的合作机构有法国国家海洋研究机构、法兰西工学院、法国国家科学研究中心、意大利地球和火山科学研究所及海洋研究所、土耳其伊斯坦布尔理工大学和伊兹密尔大学。此外，该项

---

① http://www.esonet-noe.org/Demonstration-missions/Marmara

目与伊斯坦布尔的 Kandilli 观测站和地震研究所也建立了牢固的关系，该机构正在马尔马拉海开发一个电缆海底地震检波器项目（详细情况见 http://www.esonet.marmara-dm.itu.edu.tr/）。

3.4.8　MoMAR[①]——大西洋中脊

监测大西洋中脊的目标是研究亚速尔群岛南部大西洋中脊深海域热液系统。海洋中脊的热液循环影响着能量和物质从地球内部到地壳、水圈和生物圈的转移过程。在断裂的海底裂缝中，海水通过在可渗透的海洋地壳内循环，与周围的岩石交换化学物质，并被加热到 400 摄氏度，热流体向上流动，并在热液喷口排出，形成不同物理化学性质的排放物（从黑烟囱式到扩散式排放）。在这些火山口附近发展起来的独特的动物群落，是由化学合成微生物维持的，这些还原化学物质在热流体中充当能量来源。

MoMAR-D 是 ESONET 的示范行动之一，该项目旨在测试一个位于 Lucky Strike 深海海底地区的多学科深海海底观测站的部署和运行情况。这个观测站将使用两个 SEAMON 节点与一个水面浮标进行声学连接，以确保卫星与地面站之间的通信。该项目在 Lucky Strike 火山口区域进行的实验将探索地球动力学及其对热液流体性质的影响，以及火山对相关动物群的影响和对全球海洋的影响。

MoMAR-D 将提供技术知识和科学动力，以促进持久的监测解决方案。例如，使用电缆将对火山、热液和生物过程的实时监测扩展到更接近亚速尔群岛的地区，以协助亚速尔群岛解决预防火山危害和持久管理环境资源等问题。ESONET 亚速尔群岛节点计划将扩展近海陆地地震和火山监测系统，并提供有关这些栖息地的全面信息，这对于该地区建立基于生态系统的管理至关重要。

---

① http://www.esonet-noe.org/Demonstration-missions/MoMAR

▶3.5　硬件：海底高压光缆、连接节点、高带宽通信、服务器和存储

3.5.1　EMSO 海底观测站[①]

EMSO 网络的节点通过配备多个传感器的自动化实验室连续测量各种参数，如水温、酸度、方向和电流强度、海底运动等。这些节点可以通过电缆或卫星自主连接到陆地平台。EMSO 海底观测站示意图如图 3.5 所示。

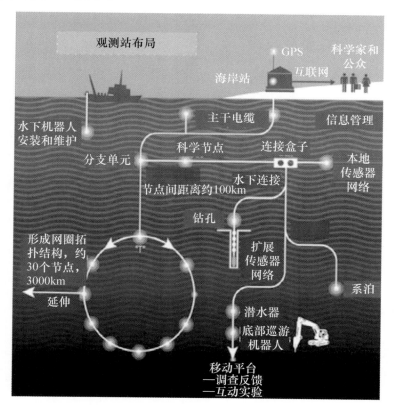

图 3.5　EMSO 海底观测站示意图

---

① http://www.emso-eu.org/site/ocean-observatories.html

海底观测站是高科技平台，为传感器系统提供电源和通信连接，以便其在海洋中持续运行。传感器系统可以连接电缆，通过电缆接收电力并实现数据传输。传感器系统是独立的传感器平台，在某些情况下也可以使用海面浮标和卫星线。第一代海底观测站正在运行，为 EMSO 进一步的实施奠定了坚实的基础。功率分配和实时数据速率有利于建设有线电缆观测站，而基于电池的独立观测站则能够提供更大空间的灵活性。未来可再生能源技术将为海底独立观测站增强电力供应和通信能力。

3.5.2　电缆基础设施

电缆基础设施作为部署在海底和海底上方的仪器的支持装置，能够通过从海底延伸到陆地的连接器和电缆实现双向实时数据传输和控制。这些电缆基础设施是固定的海底实验室，能够不断产生数据，允许交互实验，并具备事件监测和响应能力。通过电缆基础设施连接陆地的通用传感器将被标准化，以测量关键的化学和物理参数（温度、盐度、氧浓度、浊度、无源声学、压力/深度和电流等）。这些"水下观测站"也可用作安装用户自定义的特定的实验点，从而应用于用户感兴趣的特定应用。

3.5.3　独立观测站

独立观测站是长期在海底、水柱和海面上运行的自主安装的仪器和指挥模块，用于支持与各种科学问题相关的工具包的运作。独立观测站示意图如图 3.6 所示。独立观测站的特征在于功率和数据的独立配置，以及从表面连接的有限容量，包括双向通信的能力、传输状态参数和有限数量的实时或接近实时的数据。独立观测站几乎可以在海洋中的任何位置用于长期的海洋测量。它们可以位于离陆地非常偏远的海洋区域，但是其铺设光纤、光缆的成本非常高。部署在海底或水柱上的通用传感器可以显著地扩展独立观测站的空间覆盖范围。独立观测站的主要优点是可以在任何给定的位置轻松地运输和组装，因此独立观测站支持短期研究（2年至 3 年）使用，并可以便捷地将独立观测站移动到新的位置，以作为对具体事件（火山喷发或环境灾难等）或快速变化的环境条件（冰缘变化等）的响应。

图 3.6　独立观测站示意图

3.5.4　其他服务和支持性基础设施

观测站的配套基础设施包括设备和海洋作业支援系统，以对海底观测网进行最佳管理和维护，以及用于对基础设施的管理、使用进行研究和服务。远程操作车辆（ROV）和自主水下车辆（AUV）等工具是进行不同深度采样和进行海底操作不可或缺的工具。

用户可以访问的技术、设备及数据包括在模拟环境条件下进行测试的陆基设备；可联网的多学科研究实验室分析的海洋环境数据，如对水样、沉积物和生物群落的分析结果；专门用于海洋监测系统的网络测试站点和用于开发先进技术的部件、传感器、新材料和技术。

观测站的数据中心致力于数据搜集、管理、发现、访问、传输、存储、分析/产品、建模、共享，并与私营合作伙伴一起实现数据产品的商业化。

科学家和公共机构为了监测风险（如海啸或有害藻类释放）或通过化学和生物传感器评估海洋的健康状况，可以通过开放获取的方式利用数据，还可以通过光缆或通过卫星连接的浮标对电缆和独立观测站进行数据传输。

▶3.6 研究团队

EMSO 的研究团队的成员来自欧洲不同国家的研究机构。意大利参与的研究团队包括 INGV 的 Laura Beranzoli 和 John Picard（AoM Secretary），CONISMA 的 Giorgio Budillon，CNR 的 Giuseppa Buscaino，ENEA 的 Emanuela Fanelli，INFN 的 Riccardo Papaleo，ISPRA 的 Franco Andaloro，OGS 的 Vanessa Cardin，SZN 的 Raffaella Casotti。

法国参与的研究团队包括 CNRS 的 Jean-François Rolin，MEESR

的 Mathilde Cannat，以及 Clément Godreau 和 Didier Marquer。

爱尔兰参与的研究团队包括 CSIC 的 Juan Jose Dañobeitia 和 PLOCAN 的 Jose Joaquin Hernandez Brito。

希腊参与的研究团队包括 HCMR 的 George Petihakis 和 GSRT 的 Maria Koutrokoi。

英国参与的研究团队包括南安普顿国家海洋物理中心的 Henry A. Ruhl。

葡萄牙参与的研究团队包括 IPMA 的 Pedro A. Gancedo Terrinha 和 INESC-TEC 的 Eduardo A. Pereira da Silva。

罗马尼亚参与的研究团队包括 GeoEcoMar 的 Vlad Radulescu。

▶3.7 国际合作形式

EMSO 通过项目提升国际研究团队之间的合作，目前正在进行的项目有以下几个[①]。

EMSO-Link 项目。该项目是由欧盟委员会资助的一个项目，是"地平线 2020"科研基础设施路线图的一部分。EMSO-Link 项目由 EMSO ERIC 主导。该项目的目标是巩固和扩大目前由其他国家及其各自的海洋科学界组成的欧洲海洋科学组织环境影响评估成员的合作，并加强与海洋倡议和对应补充研究基础设施的关系。

EMSODEV 项目。EMSODEV 项目的总体目标是通过开发、测试和部署 EMSO 通用仪器模块（EGIM），促进 EMSO 分布式科研基

---

① http://www.emso-eu.org/site/projects.html

础设施的全面实施和运行。该模块确保在可比较的区域内，对海洋参数进行准确、一致的长期测量，这些海洋参数是应对气候变化、海洋生态系统干扰和海洋灾害等紧迫的社会问题和科学挑战的关键。由于该项目搜集了海洋基本变量时间序列，因此将增强 EMSO 各节点间的互操作性。此外，EGIM 还将有助于大大优化 EMSO 科研基础设施的投资和运营效率，从而提高科研基础设施的有效性及提高对成员国及用户（包括行业）的吸引力（项目网址：http://www.emsodev.eu）。

ENVRIPLUS 项目。该项目把 ESFRI 路线图中列出的环境部门的科研基础设施聚集起来，并联系领先的电子基础设施，以促成其与技术专家伙伴的一体化。ENVRIPLUS 由三个总体目标驱动：（1）支持基础设施之间的相互交流；（2）在科研基础设施间实施创新概念和设备；（3）促进环境领域的研究和创新，使越来越多的外部用户受益。ENVRIPLUS 通过跨越传统科学领域的多学科合作来应对全球挑战。该项目的目的是改进地球观测监测系统和战略，包括采取行动实现统一和创新，找出共同解决办法，以应对许多共享信息技术和数据方面的挑战；协调获取政策；提供知识转移战略。ENVRIPLUS 制定了开发指南，以加强数据和数据产品的跨学科使用，该指南提供了来自不同领域科研基础设施的应用案例。ENVRIPLUS 协调和改善沟通与合作，解决从管理层到最终用户的各级环境科研基础设施的相关问题，实施科研基础设施中的员工之间的交流计划，为国际科研基础设施人员编写材料，提出共同的战略发展和行动计划，以加强对用户的服务，并评估社会经济影响。ENVRIPLUS 有望促进结构化，提高单一科研基础设施和全区域科研基础设施层面的服务质量。该项目促进了高效和多学科的研究，为用户提供了新的机会，为科研基础设施管理者提供了新的管理工具，为环境科研基础设施社区提供了新的沟通策略。该项目所生产的解决方案、服务和其他项目成果可提供给所有环境科研基础设施，从而有助发展一个稳定的欧洲科研基础设施生态系统（项目网址：http://www.envri-plus.eu/）。

3.8　欧洲海底科学观测网研究学科态势分析

为了解欧洲海底科学观测网的相关研究情况，本书通过定量的方法，并基于文献计量学对欧洲海底科学观测网的研究论文和专利进行相关分析。文献数据主要来自科睿唯安公司的 Web of Science 数据库，通过主题词检索，并限制发文国家为欧洲范围内。本书希望通过分析文献揭示学科领域的相关发展趋势，以期了解相关的发展状况，为我国制定相关的研究战略和发展方向等提供有价值的参考依据。检索公式如下：

TS=((seafloor or " sea floor " or seabed) and (observ* or monitor*))

精炼依据：国家或地区：（ENGLAND OR GERMANY OR FRANCE OR ITALY OR NORWAY OR SPAIN OR SCOTLAND OR NETHERLANDS OR DENMARK OR BELGIUM OR WALES OR SWITZERLAND OR SWEDEN OR PORTUGAL OR GREECE OR IRELAND OR POLAND OR TURKEY OR AUSTRIA OR FINLAND OR ICELAND OR CZECH REPUBLIC OR MONACO OR ROMANIA OR BULGARIA OR CROATIA OR GREENLAND OR ESTONIA OR UKRAINE OR CYPRUS OR HUNGARY OR MALTA OR ALBANIA OR LITHUANIA OR SLOVENIA OR SERBIA OR SLOVAKIA OR

LUXEMBOURG OR MONTENEGRO）AND 文献类型：（ARTICLE OR LETTER OR REVIEW）

索引=SCI-EXPANDED 时间跨度=所有年份。

利用上述检索公式共得到 3258 篇论文，本书后续将以此数据为基础进行分析。

3.8.1　发文年代趋势分析

从发文年代趋势来看，欧洲海底科学观测网相关研究最早可以追溯到 1979 年，但是直到 1990 年，相关的科技论文只是零星发表。从 1991 年以来，有关海底科学观测网的论文数量逐步增长，尽管在部分时间段内相关论文的发文量有波动，但是总体呈现出快速增长的趋势，特别是在 2009 年以后，年均论文发表量超过了 200 篇（不含 2017 年），欧洲海底科学观测网相关论文历年发文趋势的详细情况如图 3.7 所示。

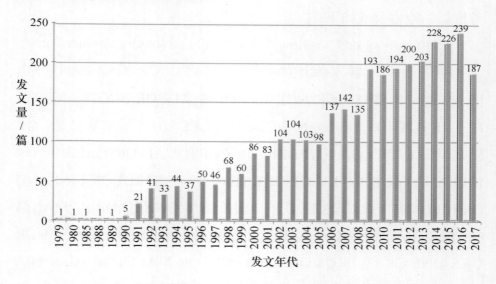

图 3.7　欧洲海底科学观测网相关论文历年发文趋势

3.8.2　发文国家、机构分析

通过对发文国家进行分析，可以看出在有关欧洲海底科学观测网的研究中，英国是发文最多的欧洲国家，发表论文共超过 1000 篇。发文量居第二名的是德国，第三名的是法国，德国和法国总发文量超过 500 篇，上述三个国家在发文量方面处于第一梯队；处于第二梯队的国家分别是意大利、西班牙和挪威，这些国家的总发文量均超过 200 篇。图 3.8 列出了欧洲海底科学观测网相关论文发文量 TOP15 的欧洲国家。

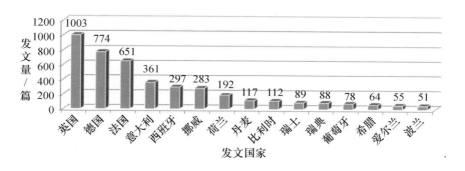

图 3.8　欧洲海底科学观测网相关论文发文量 TOP15 的欧洲国家

对发文机构进行分析后发现，法国国家科学研究院的发文量最高（193 篇），其次是法国海洋开发研究所（178 篇）。相关研究论文的发文量最多的 TOP15 的机构中，大部分来自法国、英国和德国，但只有四个机构分别来自西班牙、挪威、苏格兰和荷兰，详细情况如图 3.9 所示。

3.8.3　发文主题分析

对 3258 篇期刊论文采用 VOSviewer 软件进行关键词共现分析，共形成 5 个聚类簇，这些聚类簇主要反映研究地点和研究内容。例

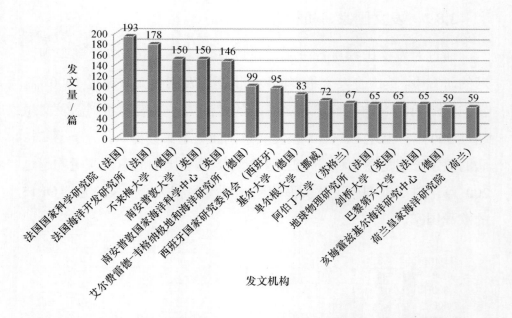

图 3.9　欧洲海底科学观测网相关论文发文量 TOP15 的研究机构（欧洲）

如，在关于大西洋中部隆起的研究论文中，研究内容主要与地壳结构的研究相关，而关于大陆边缘的研究在墨西哥湾或黑海等区域则与地震研究、海洋沉积物和天然气水合物研究相关。关于太平洋、南极洲深海的研究论文中，主要的研究内容与碳循环、细菌等有关。详细情况见图 3.10。

3.8.4　专利年代分析

对欧洲海底科学观测网相关专科进行专利检索，共检索到 588 项专利（家族），由于专利的特殊性，因此需要对专利进行国别区分。欧洲海底科学观测网相关专利最早优先权年可以追溯到 1962 年，1962 年至 1970 年共有 4 项专利，随后逐渐增多，但是增长较为缓慢，其中，1971 年至 2000 年的 30 年时间内总共有专利 110 项。进入 21 世纪以后，相关的专利增长迅速，2001 年至 2010 年共有

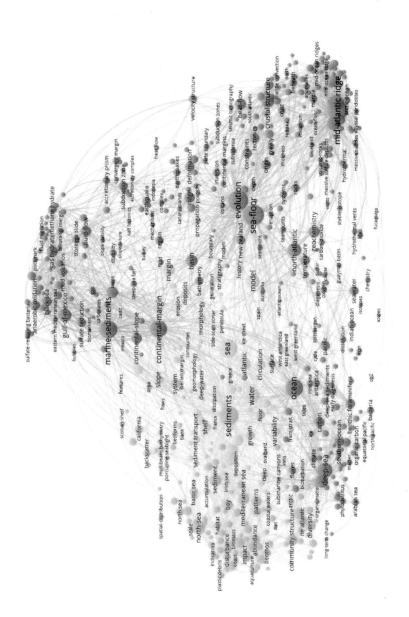

图 3.10　欧洲海底科学观测网相关论文研究主题（基于论文关键词共现）

专利 199 项，而从 2011 年至今不满 10 年的时间内已经有专利 275 项。由此可见，随着时代的发展，在欧洲海底科学观测网方面的技术正在不断进步。欧洲海底科学观测网相关专利年代分析如图 3.11 所示。

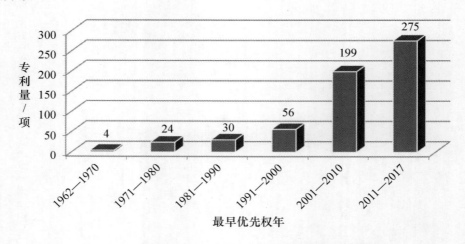

图 3.11　欧洲海底科学观测网相关专利年代分析

3.8.5　专利权人分析

通过对欧洲海底科学观测网相关专利进行统计可以发现，斯伦贝博格技术集团（SCHLUMBERGER TECHNOLOGY CORP）是申请相关专利最多的机构，共有 28 项相关专利；其次中国是国家海洋局第二海洋研究所，拥有 18 项相关专利。中国海洋大学拥有 15 项相关专利，占据第三名的位置。欧洲海底科学观测网相关专利 TOP15 专利权人详细信息如图 3.12 所示。

3.8.6　技术主题分析

欧洲海洋科学观测网相关论文技术主题如表 3.1 所示。

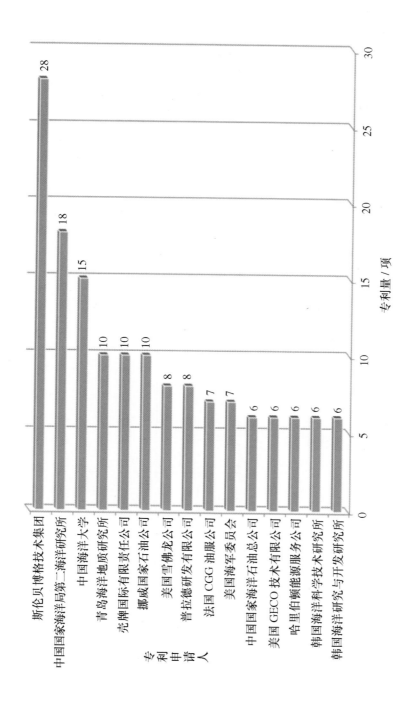

图 3.12 欧洲海底科学观测网相关专利 TOP15 专利权人

表 3.1　欧洲海底科学观测网相关论文技术主题

记录数	机构名称	国家（前三名）	发明人（前三名）	年代范围	近3年年占比	相关技术	特有技术
28	斯伦贝博格技术集团	US [25]; GB [3]; EP [3]	KAMATA M [4]; KERR J A [4]; MACKENZIE R [3]	1996—2015	4% of 28	S03-C01C1 [5]; H01-B01 [5]; S03-C01B [5]; H01-B03D [5]; H01-B03C [5]	X25-E [2]; X25-E02A1 [2]; S02-E01 [2]; X16-C09 [2]
18	中国国家海洋第二海洋研究所	CN [18]	TAO C [4]; MA X [4]; ZHANG T [4]; JI Y [4]; ZHOU J [4]	2005—2016	33% of 18	B12-K04 [2]; B04-D03 [2]; S03-E03C [2]; S03-E14E7 [2]; B11-C08 [2]; S03-C04 [2]	B12-K04 [2]; B11-C08 [2]; B04-D03 [2]
15	中国海洋大学	CN [15]	LI X [5]; LIU Z [5]; CHEN D [5]; LI P [5]	2008—2016	73% of 15	T06-A04B1 [4]; T06-A08 [3]; S02-C06 [2]; X16-C06 [2]; A12-E13 [2]; T01-N02B2B [2]	T06-A04B1 [4]; S02-C06 [2]; X16-C06 [2]

续表

记录数	机构名称	国家（前三名）	发明人（前三名）	年代范围	近3年年占比	相关技术	特有技术
10	青岛海洋地质研究所	CN [10]	WU X [3]; LIN L [2]; DU D [2]; MENG X [2]; YE S [2]; ZHANG Q [2]; GUO L [2]; FANG C [2]; YANG Q [2]; LIU C [2]; SHI Y [2]; SUN X [2]	2008—2017	30% of 10	S03-E13B1 [3]; V07-F02B [2]; T01-N02B2B [2]; D04-A01H [2]; V07-F01A1 [2]	D04-A01H [2]; S03-E13B1 [3]; V07-F02B [2]
10	壳牌国际有限责任公司	US [5]; EP [4]; CA [2]	BOURNE S J [2]; HATCHELL P J [2]; MORRISON D G [2]; DEAN J R [2]	1974—2012	0% of 10	S02-F01X [2]; V07-K [2]; H01-B01 [2]; H01-B03B2 [2]	V07-K [2]; S02-F01X [2]
10	挪威国家石油公司	GB [6]; CA [4]; US [3]	AMUNDSEN L [4]; STENEVIK K [3]; LOSETH L O [2]	1999—2014	0% of 10	H01-C10 [3]; H01-B03D [3]; S03-C02X [3]	S03-C02X [3]

续表

记录数	机构名称	国家（前三名）	发明人（前三名）	年代范围	近3年年占比	相关技术	特有技术
8	美国雪佛龙公司	US [6]; GB [2]; CA [2]	KAMIL Y [3]; KUTLIK R L [3]; FARHADIROUSHAN M [3]; FINFER D [3]	1983—2012	0% of 8	T01-S03 [2]; S03-E08X [2]; H01-B01 [2]; V07-F01A1 [2]; T01-J07D1 [2]; V07-N01 [2]	None
8	普拉德研发有限公司	US [8]; EP [2]	KAMATA M [2]; RHEIN-KNUDSEN E [2]; LIGNEUL P [2]; ALLIOT V [2]; REZGUI F [2]; SINDT O [2]	2006—2012	0% of 8	H01-D05 [3]; H01-C11 [2]; H01-B03C [2]; S03-C01B [2]; H01-A01A [2]	None
7	法国 CGG 油服公司	US [7]	BRIZARD T [2]	2012—2014	0% of 7	S03-C01X [3]; S03-C01C1 [2]; S03-C01B [2]	None
7	美国海军委员会	US [7]	None	1976—2012	0% of 7	T01-N02B2 [2]	None
6	中国国家海洋石油总公司	CN [6]	XU L [2]; JIANG S [2]	2007—2013	0% of 6	H01-B03B [2]; H01-C11 [2]; W05-D08E [2]	W05-D08E [2]

续表

记录数	机构名称	国家（前三名）	发明人（前三名）	年代范围	近3年年占比	相关技术	特有技术
6	美国 GECO 技术有限公司	US [4]	WELKER K E [2]; CHRISTIE P A F [2]; MARTIN J [2]; NAES J F [2]; GOUJON N [2]; VOLDSBEKK R [2]	2000—2010	0% of 6	S03-C01C1 [3]; S03-C01B [2]	None
6	哈里伯顿能源服务分公司	US [6]; CA [3]	SAMSON E M [3]; MAIDA J L [3]; MAIDA Y L [2]	1999—2012	0% of 6	V07-F01A [2]	V07-F01A [2]
6	韩国海洋科学技术研究所	KR [6]	KIM Y C [2]; EO Y S [2]; JUNG S K [2]; KIM Y K [2]; BAEK H [2]	2011—2014	0% of 6	W06-C09 [2]	None
6	韩国海洋研究与开发研究所	KR [6]	BAEK H [2]; SEOK WON H [2]	2008—2014	0% of 6	W06-C09 [3]; W06-C15B [2]	None

续表

记录数	机构名称	国家（前三名）	发明人（前三名）	年代范围	近3年年占比	相关技术	特有技术
6	浙江大学	CN [6]	YANG C [3]; ZHOU J [2]; CAI W [2]; TAO C [2]; WANG P [2]; ZHANG G [2]; ZHOU H [2]; SUN Q [2]	2010—2016	50% of 6	X15-C [2]; S03-E03C [2]	X15-C [2]
5	俄罗斯车雅威茨公司	RU [5]	CHERNYAVETS V V [5]; ZHUKOV YU N [4]; STAVROV K G [3]; ZHYLTSOV N N [3]	2010—2015	20% of 5	S03-C01C1 [2]; W06-A03A5C [2]	W06-A03A5C [2]
5	纳特油井公司	US [3]	None	1999—2015	40% of 5	H01-B08 [2]	None
5	法国 Technip 公司	US [3]	YU C A [2]	2000—2011	0% of 5	None	None

（撰稿人：王保成，中国科学院文献情报中心，中国科学院大学经济与管理学院图书情报与档案管理系）

4.1　日本海底科学观测网发展历史

　　日本是一个地震多发的国家，因其地理位置处于不同地球板块的交界处，使得日本成为最早建立海底科学观测网的国家。日本通过海底科学观测网从海底获得长期时间序列数据的主要目的是，通过监测地震以进行风险评估、预防和减灾。大部分地震能量在日本近海海域沿线和沿海地区释放，大型板间地震以数十年至一百年的间隔重现，对社会构成了巨大的威胁。地震活动的原因是板块俯冲，这引起了许多地球物理上的有趣现象，包括流体通风口、生物群落和研究运动等，需要通过长期监控以最终了解其动态。1968 年，日本利用海底地震仪在海底进行了 33 天的持续观测。1968 年至 1970 年，日本在相模湾的三个地区进行了海底地震的观测。1974 年至 1978 年，日本明确决定由日本气象厅地震火山部负责研制海底地震观测系统。日本从 1978 年开始在日本海域铺设短的海底电缆，20 世纪 70 年代到 90 年代初建设了三个海底地震观测系统，分别为御前崎海底地震观测系统、胜浦海底地震观测系统、北海道襟裳呷浮标遥测式海底地震观测系统[①]。1987 年，日本提出海神计划（POSEIDON），在西太平洋、东北亚、东南亚建立海陆联合地震台网。1995 年阪神

---

① 卢振恒. 日本海底地震观测现状与进展[J]. 地震学刊，1999（4）：54-63.

大地震以后，日本政府、大学、科研机构投入巨资建设海底地震观测系统，主要包括海洋半球台网计划（OHP 计划）[①]、高知县室户岬冲海底地震综合观测系统、钏路市十胜冲海底地震综合观测系统、新型实时海底区域监测网（ARENA 计划）、地震和海啸海底观测密集网（DONET 海底观测网）、日本海沟海底地震海啸观测网（S-net 观测网），后三个为海底科学观测网计划。

▶4.2 科学目标

4.2.1 ARENA 科学目标

2002 年，日本在 IEEE Oceanic Engineering Society Japan Chapter 的例会上设立了"地球考察海底电缆网络研讨委员会"[②]，开始论证 ARENA 计划（Advanced Real-time Earth Monitoring Network in the Area，新型实时海底监测网）的可行性。2003 年 1 月提出了 ARENA 计划实施方案，如图 4.1 所示，其目标是沿日本海沟建造跨越板块边界的光缆，用于连接观测站网络，以进行海底实时监测。

4.2.2 DONET 科学目标

太平洋西岸的活动大陆边缘是地震频发地带，在日本南海海槽的 8 级地震具有近 100 年至 150 年的循环周期，最近的地震包括 1944 年的东南海地震和 1946 年的南海地震。据研究，今后 30 年内该区发生大地震的概率为 60%～70%。因此，建设一个海底观测网来监测地震和海啸形成前的异常地壳运动是非常紧迫的。2006 年，日本

---

① 周公威，庄灿涛，郝春月，等. 海洋半球台网计划（OHP）与海底地震观测系统的发展[J]. 西北地震学报，2005（S1）：6-13.

② https://freewechat.com/a/MjM5NzMxMzc3OQ==/402411442/1?rss

针对太平洋板块俯冲的发震带，结合 DDP 大洋钻探深井，启动 DONET（Dense Oceanfloor Network system for Earthquakes and Tsunamis，地震和海啸观测密集网络）计划，目的是建立海底大尺度实时研究，以及建立监测地震、大地地形和海啸的基础设施；通过捕捉地震和海啸的相关信息，推进紧急地震公报；利用震源区域的观测数据来提高南海槽发生大地震的预测准确率；开发最先进的海底观测技术，以进行高精度和高密度观测。

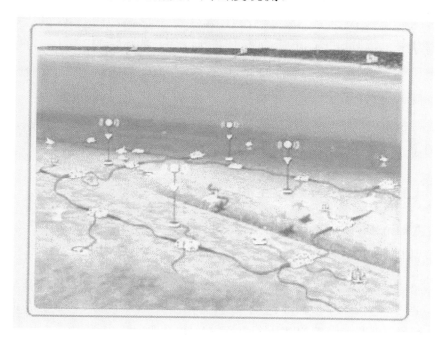

图 4.1　日本 ARENA 计划实施方案

4.2.3　S-net 科学目标

2011 年日本东北大地震发生后，仍不断出现余震。此次地震可能导致在日本海沟（离太平洋 200km）和千岛列岛沿岸的周边海域发生大地震，或出现强烈的震动，还可能同时出现海啸。此外，由于东北太平洋近海的地震导致力量平衡发生了变化，板块边界和周围海域内部随着地震区域的余震活动而变得不稳定，因此引发了日本民众对于发生大规模地震和海啸的担忧。在此次大地震发生时，日本 1500 多个地震观测站大多部署在陆地上，只有其中的 55 个地震观测站部署在海底，为了弥补海底地震观测网的不足，2011 年日本立项建设 S-net 观测网（Seafloor observation network for earthquakes and tsunamis along the Japan Trench，日本海沟海底地震海啸海底观测网），该观测网由防灾科学技术研究所负责，观测范围从东京附近的千叶县一直延伸到北海道附近的洋面，目的是观测日本海沟东侧海域的地震和海啸，有助于预防地震和海啸灾难。同时，S-net 观测网还将有助于海啸预测系统的开发[①]。

▶ 4.3 科学主题及计划

4.3.1 ARENA 科学主题及计划

ARENA 计划由日本东京大学主持，是一个低成本、高效率、高抗故障能力、高可靠性的海底观测网，主要应用于地震学和地球动力学研究、海洋环流研究、可燃冰监测、水热通量研究、生物与渔业研究、海洋哺乳动物研究、深海微生物研究等方面。ARENA 计划甚至设想未来将延伸至阿留申群岛，并连接 NEPTUNE 观测网，从中国东海延伸至菲律宾海，这一设想后因财政问题而被搁置。

ARENA 计划的主要特点为：（1）具有可涉足 3600km 海域的二维网络机构；（2）可在间距为 50km 的观测浮标上连接各种传感器，

---

① http://www8.cao.go.jp/cstp/tyousakai/hyouka/kentou/tsunami/haihu2/siryo2_2.pdf

以达到被多学科利用的目的；（3）具有较强的克服水下障碍的能力；（4）拥有基于多个 HDTV 信号的传送能力的宽海域传输功能，以及可在 1ms 内进行同步的高精度的数据传输能力；（5）具有极强的可扩充性；（6）可随意交换和追加传感器及观测站点。广域、多点、实时、长效、快速观测的有缆海底科学观测网的开发，从根本上解决了基于海洋考察船、观测浮标、海底观测仪、载人潜器、水下机器人及人造卫星观测等粗放性区间的采样观测方式的海底网络式空间的技术难点。

4.3.2　DONET 科学主题及计划[①]

DONET 海底观测网计划[②]是继 ARENA 计划之后日本开展的海底观测项目，是海底光缆实时观测网的一个独特开发计划，旨在建立大规模海底研究设施和监测基础设施，可用于地震、大地测量和海啸观测分析。该计划利用实时观测数据，改进海啸的预测精度，同时对由地震引起的建筑物所受破坏进行预测，并推进复合灾害时疏散指导的模拟研究。该计划的第一阶段自 2006 年开始实施，目的是监测南海海槽附近的震源区，第二阶段也已于 2012 年启动。

4.3.3　S-net 科学主题及计划

S-net 观测网计划由日本文部科学省资助，其主要目的是提供用于防灾的实时监控数据，这些数据使得精确预测沿海海啸的高度和发布早期海啸预警成为可能。此外，利用这些数据可以比现有系统更早地预测地震。该计划于 2011 年 11 月启动，于 2013 年开始铺设海底电缆，于 2017 年 4 月建成并投入使用。

---

① https://www.jamstec.go.jp/donet/j/about/organization.html

② http://www.jamstec.go.jp/

❯❯ 4.4　正在开展的研究计划

4.4.1　DONET 系统

DONET（Dense Oceanfloor Network System for Earthquakes and Tsunamis，地震和海啸海底观测密集网络）系统结构如图 4.2 所示，其主要特征[①]包括采用海底光缆技术进行通信的双端着陆核心电缆系统，使系统具有高可靠性；由最先进的传感器组成；为每个节点预先构建故障的冗余配置；使用水下可拆连接器，以确保观察设备可进行更换；通过分支装置，使系统具有可扩展性；深海巡航探测器 AUV/无人航天器 ROV 可用于水下作业；在海底实施科学观测的节点功能集成化。该系统从 2006 年开始建设，直到 2011 年 8 月，所有 20 个观测节点都连接到了主干电缆，标志着该系统完成建设[②]。DONET1（DONET 一期）监测范围覆盖伊豆半岛近海东南海地震震源区，具有 1 个海岸基站、5 个科学节点和 22 个观测节点[③]。其中，第 21 个观测节点——KMDB1 观测点于 2013 年 1 月 24 日启用，第 22 个观测节点——KME22 观测点于 2015 年 11 月 30 日启用。

由于纪伊半岛和四国岛地区需要类似的海底观测网系统，以减少南海海槽内俯冲带地震造成的灾害，因此在 DONET1 建成后，日本于 2012 年开始 DONET2（DONET 二期）的建设。DONET 网络节点的分布如图 4.3 所示，DONET2 于 2016 年 1 月至 2016 年 3 月进行了安装，现已启动运行 29 个观测节点[④]。

[①] http://www.jamstec.go.jp/donet/j/donet/

[②] http://www.jamstec.go.jp/donet/j/donet/

[③] http://www.jamstec.go.jp/ceat/donet_data/j/technical/files/DONET%E8%A6%B3%E6%B8%AC%E7%82%B9%E8%B5%B7%E5%8B%95%E6%97%A5.pdf

[④] http://www.jamstec.go.jp/donet/e/cable/donet2.html

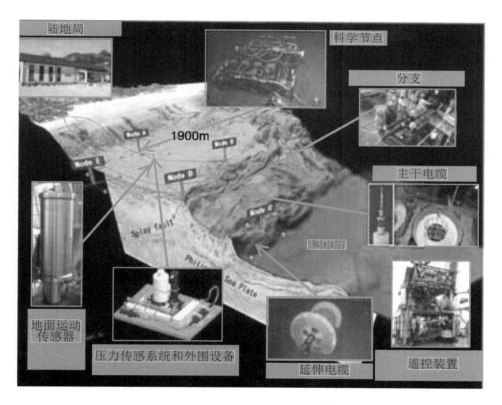

图 4.2　DONET 系统结构[①]

2017 年日本文部科学省决定，在可能发生巨大地震的南海海槽附近的日本高知县近海至宫崎县近海一带完善地震观测体系。当 DONET1 和 DONET2 系统全部建设完成后，可有助于在早期发现南海海槽发生的大地震及伴随的海啸。目前，DONET 的管理权已经从 JAMSTEC 转移到 NIED（National Research Institute for Earth Science and Disaster Prevention，国家地球科学和防灾研究所），但 JAMSTEC 将继续支持 DONET 的维护和扩展。

---

① http://msg.whoi.edu/ION/minutes/20110701_IUGG_ION_JAMSTEC_DONET.pdf

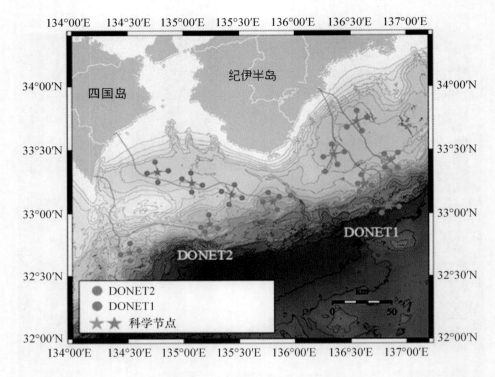

图 4.3　DONET 网络节点分布

4.4.2　S-net 观测网

　　S-net 观测网[①]是一个世界级的实时海底地震仪网络，该网络将观测装置集成地震仪和海啸观测仪并与海底光缆连接。该网络设置在日本东部太平洋沿案的东部，由千叶县房总冲到北海道东方冲，沿日本海沟、千岛海沟共布设 150 个观测节点，用总长度约为 5500 km 的光缆连接，能够实时获取观测数据。S-net 观测网示意图如图 4.4 所示，该观测网络分别在 5 个海域各布设 25 个东西间距 30km、南北间距 50～60km 的观测节点；在海沟外侧，从北海道到千叶县每间隔约 50km 设置一个观测节点。在深度小于 1500m 的渔业作业区

----

① http://www.mext.go.jp/b_menu/shingi/gijyutu/gijyutu6/toushin/attach/1331748.htm

内的海底挖掘约 1m 的深沟，以安装电缆和观测设备。

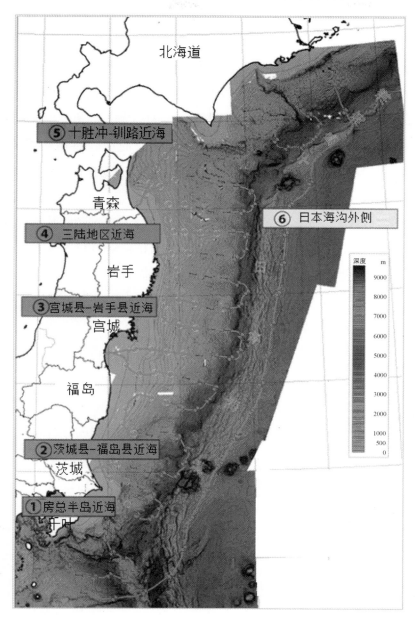

图 4.4　S-net 观测网示意图

▶ 4.5　日本海底科学观测技术

4.5.1　DONET 系统技术

大型海底基础设施的长期运行（20 年至 30 年）对水下技术是一个挑战，随着测量仪器的增加，对整个系统可靠性的影响也不断增大，因为最先进的仪器是保持系统长期可靠性的瓶颈。为满足"高可靠性"和"先进性"两个要求，海底科学观测网运行时应具备可更换、易维护和能扩展等特点。为实现上述功能，日本 DONET 系统提出了一个由高可靠性的主干电缆系统、可更换的科学节点和可扩展的测量仪器组成的系统设计方案，如图 4.5 所示，该方案具有独特的系统可靠性。

（1）主干电缆系统（BACKBONE CABLE SYSTEM）。

主干电缆系统为海底设备提供电源和通信通道。该系统采用最新研发的海底电信电缆技术，以适应 20 年无缝观测的高可靠性要求。DONET1 因海底负荷较为单一，所以采用恒流供电，最高供电电压约为 3kV；恒定直流电源技术可提供高度的鲁棒性，以防止电源线发生意外故障。DONET2 采用高压系统，最高供电电压约为 10kV；其观测面积是 DONET1 的两倍；在科学节点接口和陆上的终端设备之间分配一个光纤物理通信信道，以确保可靠性；每间隔 40～60km 光纤长度设置光放大器（中继器），使信号传输更长的距离而不衰减；这些中继器对应相干光时域反射（coherent optical time-domain reflectometry，C-OTDR）光纤故障检测系统。

（2）分支单元（branching unit，BU）。

分支单元控制主干电缆系统中的高压供电路径，当节点接口逐个变为意外状态时可以对科学节点进行分离。对于 BU 和科学节点接口之间的连接，该项目中正在开发符合 ITU-T 建议的双导体轻质海底电缆（dual conductor light weight submarine cable）。

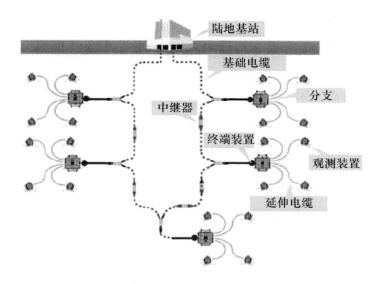

图 4.5　DONET 系统设计方案

（3）科学节点。

科学节点是将主干电缆系统连接到海底仪器的集线器的装置。每个科学节点连接多个高精度的海底地震仪、强震仪、压力计、微差压计、水中地震检波器和精密温度计等多种海底观测仪器，以便能够实时获取海底数据。DONET 有 5 个科学节点，而 DONET2 的科学节点超过 10 个。混合连接器使科学节点可以在主干电缆系统上连接和分离。每个科学节点有 8 个混合连接器以测量仪器的连接。科学节点的配电控制、数据传输控制和精确定时控制功能是 DONET 中最关键的组成部分。DONET 配电控制系统如图 4.6 所示，该系统从终端设备接收 500W 的恒流直流电源，并根据情况向测量仪器分配 45W 的二级电源输出。二级电源输出具有恒流直流电源输出系统，以确保海底系统的可靠性和对测量设备的输电效率。配电控制系统具有平衡科学节点功耗的机制，以防止系统配电状况不稳定，该功能对于监控整个观测网络的状况至关重要。

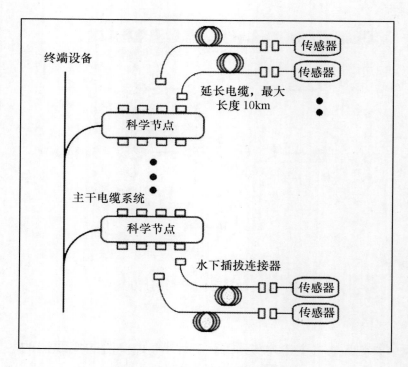

图 4.6 DONET 配电控制系统

DONET 遥测和定时控制系统如图 4.7 所示，数据传输控制系统用于处理测量仪器和终端设备之间的数据传输和精确的时钟控制，SONET/SDH（Synchronous Digital Hierarchy，同步数字体系）上的 STM（Synchronous Transfer Mode，同步传输模式）用于实现精确的时间同步要求。终端装置和科学节点之间的数据传输速度约为 600MB/s，测量仪器与科学节点之间的双向数据传输速度为 50MB/s。精确的时间同步是科学使用海底电缆系统的关键，同步传输系统使得终端装置上的 GPS 时钟与海底测量仪器之间的高精度时间同步成为可能。该项目定时电路的发展目标是时间同步精度小于 1μs。

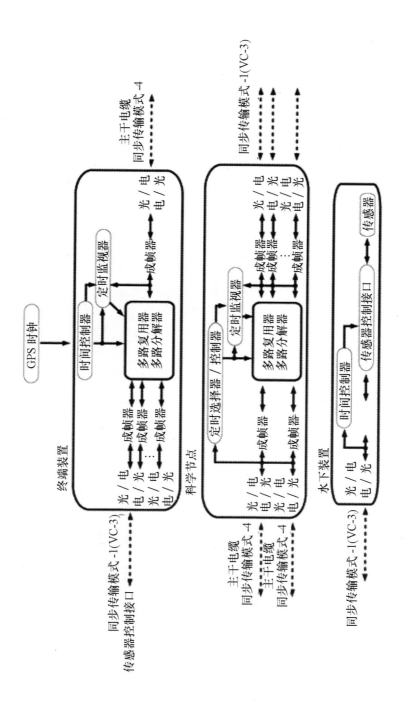

图 4.7　DONET 遥测和定时控制系统

（4）测量仪器。

1）室户岬冲观测站。

室户岬冲观测站地震仪部件如图 4.8 所示，每个海底地震仪均配有一个加速度检测器（具有三个正交成分 X、Y 和 Z）。每个加速度检测器均可将伺服电路输出电流转换成直流电压后再输出。此外，每个加速度检测器均配有一个温度计，且可通过电压输出获得温度数据。加速度检测器的电压输出在传感器单元进行分流，然后通过增加两路电压来完成输出工作。

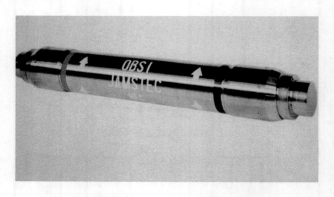

图 4.8　室户岬冲观测站地震仪部件

海底地震仪距离室户岬约 80km、距离海底 110km。由于施工原因使得几个装置必须串联安装，所以海底地震仪的电缆的方向不是南北方向。地震仪是一种外壳结构仪器，铺设电缆时需要径向接地。由于海床表面并不完全平坦，而且该装置未配备平衡环，而是提供一个动态范围，以使感应与重力保持一致，所以在地震分析（N-S、E-W、U-D）中偏移重力部分也需要调整。

海啸传感器由两种晶体振荡电路组成，并配有如下两种元件：（a）压力检测晶体谐振器，该元件具有稳定性，并可长期检测压力的微小变化；（b）压力参考晶体谐振器，该元件主要用于补偿温度变化。每个晶体振荡器的频率差异将作为一种海啸信号进行输出（7～16 kHz）。

温度计由一个温度测量晶体谐振器和一个温度测量晶体振荡器组成。温度计可输出温度测量晶体谐振器所测得的温度，并且输出一种频率信号（3.776 MHz 对应的温度为 2℃）。温度测量晶体谐振器固定在压力容器一端的内部，温度晶体测量振荡器安装在传输设备内部。

海啸传感器通过上述两种传感器获得压力数据和温度数据并进行数据处理。在处理压力数据的过程中，通过将压力振荡频率（在安装状态下的变化值为 12～13 kHz）转换成栅极的方式，使压力数据从海底传输出来。然后，以 8 kHz（2.048 MHz 除 256 所获得的数值）的频率进行传输，以获得有关脉冲的系统标准时钟计数值（2.048 MHz）。在 8 kHz 与 12 kHz 的相对关系中，栅极可旋转多次，从而将旋转次数和计数值的总和传输至陆地。在陆地上，每 8 kHz 的数据会被估算 800 次，且每次估算的时间为 0.1s。对于温度数据，栅极电路的频率设定为 8 kHz，然后对温度晶体频率的脉冲进行计数，并将这些计数值整理为数据。

在长期深潜海底的观测站所拥有的设备中，电缆终端站位于最前端。电缆终端站是一种将以下两个设备固定在一个框架上的结构。设备 1 是用于单独测量流速、分层流速、盐分浓度、地下温度和水下低频声波的独立观测设备；设备 2 是能够将下列传输内容转换成光信号的"传输部件"：（a）"海底表面观测数据"和各种观测设备所测数据的传输内容；（b）电视图像信号的传输内容。

2）钏路—十胜冲观测站。

钏路—十胜冲观测站地震仪部件如图 4.9 所示，每个海底地震仪均配有一个加速度检测器（具有三个正交成分 X、Y 和 Z），以及一个水听器传感器。每个加速度检测器均可将伺服电路输出电流转换成直流电压并将其输出。此外，每个加速度检测器均配有一个温度计，且可通过电压输出获得温度数据。加速度检测器的电压输出通过传感器单元进行分流，然后通过增加两路电压来完成输出工作。海底地震仪安装在近海水域离钏路 100～150 km 的位置。海啸传感器、温度计、电缆终端站的结构类型和设置与室户岬冲观测站相同。

图 4.9　钏路—十胜冲观测站地震仪部件

水听器传感器如图 4.10 所示，由 International Transducer 公司制造，安装在地震仪和电缆终端站之间的 Kushiro-Tokachi 系统中，其数据是从海底发送，通过数字滤波处理（$F_c = 40$Hz）后，记录并发送到 JAMSTEC 的。由于 ADCP 操作的影响，OBS 水听器传感器传出的数据每隔 30m 会出现噪声。

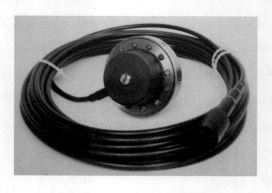

图 4.10　水听器传感器

4.5.2　S-net 观测网技术

S-net 观测网采用与 DONET 类似的组网技术，但结构上有所不同。S-net 观测网直接使用海底电缆连接地震仪和海啸仪，无节点。而 DONET 是"节点型"的，通过节点的分支装置连接各种传感器。S-net 观测网及其配置如图 4.11 所示[1]，通过海底光缆将每个观测节点的实时监测数据传输至两个。陆地基站配有普通电源、应急电源、光发射器、工作站（数据转换/数据传输）、监视系统、接收器、网络路由器等设备。

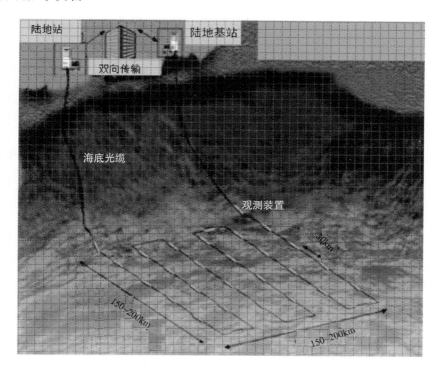

图 4.11　S-net 观测网及其配置[2]

---

① http://www.bosai.go.jp/inline/seibi/seibi01.html

② http://jpn.nec.com/press/201307/images/0902-01-01.pdf

每个观测节点配备四套不同性能的三分量地震传感器和两套海啸观测压力表，以确保覆盖慢速滑动、小地震及大地震的宽动态阈内的地震观测。其中，地震观测站备有多种地震计，加速度动态范围为 0.001g～4g，频率范围为 0.05～30Hz；水压验潮站的分辨率为几毫米水银柱，装备两个相同类型的水压验潮仪。观测节点[①]为圆柱形，直径 34cm，长 226cm，分为开放和密封两个部分。开放部分用于测量水压，密封部分用于储存其他仪器。观测节点主体部分采用高强度铍铜合金制作；密封部分采用激光束焊接，可久经海水深透。如果出现问题，如光缆在某些节点断开，或者部分仪器、陆地基站被破坏，则可以利用冗余设计连续运行。每个观察装置的观测数据是 22 个通道的，其中地震仪数据 12 通道、海啸仪数据 2 通道、海啸温度计数据 2 通道、测斜仪数据 3 通道、梯度温度计数据 3 通道。这些观测数据作为地震和海啸监测的基本数据，通过地面通信网络传输到防灾科技研究所及相关组织的数据中心。由于海底电缆的所有传输电缆都通过陆地基站连接，因此可以绕过其他电缆路径，以防止观测设备和部分电缆故障或断开连接而导致数据失败。观测设备部署在 8000m 深的海底，生命周期长达 30 年，从而保障了防震减灾系统长时间内的持续性和可靠性需求。日本 NEC 公司负责观测网全部电缆铺设的构造探查、海洋调查和电缆路由设计，以及海底光缆、地震仪和海啸观测仪的开发、实验和生产。S-net 观测网的规模是现有加拿大 NEPTUNE、美国 OOI 和 RSN 等综合性科学观测网的数倍，但仪器种类单一、个数相对较少，且几乎完全为封闭式设计，因此其实际海底总负荷反而要比上述综合性科学

---

① 杨程，解全才，马强，等. 海底地震监测网络发展现状[J].地震地磁观测与研究，2017，38(2):161-167.

观测网至少小一个数量级。

S-net 观测装置的外观和构成（观测装置由 NEC 公司开发和制造）如图 4.12 所示。

图 4.12　S-net 观测装置的外观和构成

▶4.6　投资规模[①]

日本 DONET 海底观测网建设耗资为 177 亿日元（包含 2009 年至 2015 年的运维费用），每个观测点的费用约为 3.5 亿日元，现在年运营成本为 3.9 亿日元，每个观测站的运营成本约为 760 万日元。而建设 S-net 观测网的耗资为 324 亿日元（包含 2009 年至 2014 年的运维费用），每个观测站的费用约为 2.1 亿日元，现在年运营成

① http://www8.cao.go.jp/cstp/tyousakai/hyouka/kentou/tsunami/haihu2/siryo2_2.pdf

本为 5.5 亿日元，每个观测站的运营成本约为 360 万日元。

▶4.7 研究团队

DONET 隶属日本海洋研究开发机构地震海啸海域观测研究开发中心，现有 46 名工作人员。2016 年 4 月 DONET1 及 DONET2 由海洋研究开发机构移交给防灾科学技术研究所。防灾科学技术研究所成立了海底地震海啸观测研究室，该研究室负责的工作内容包括日本海沟海底地震海啸观测网建设相关工作；地震/水压数据处理方法的改进；海啸的高度数据处理方法的改进；地壳运动数据处理方法的改进；地震仪及水压表的监测等。

▶4.8 国际合作形式

日本 DONET 的目的和性能是多样的，其与 NEPTUNE（North-East Pacific Undersea Networked Experiments，加拿大/美国）、ESONET（European Seafloor Observatory Network，欧洲）和 MACHO（Marine Cable Hosted Observatory，中国台湾地区）等国际海底观测网计划合作[①]，共同推进地球科学的发展，为地震和海啸预警系统的研发做出贡献。在国际合作过程中，DONET 研发团队通过开发海底网络技术和交换科学数据，了解全球变化、环境变化、自然灾害危害和缓解等全球动态，增强了实用数据库在海底观测网络数据结构和利用数据模拟方面的重要性。

---

① https://www.suboptic.org/wp-content/uploads/2014/10/208_Oral_THU_1B_03.pdf

▶4.9　日本海底科学观测网发展规划

日本海底科学观测网未来的发展方向主要包括[①]在深海钻孔建立监测系统；使许多传感器能够以适当的空间密度进行部署，以便使在陆地上实现的网络可以扩展至周围的海洋上；使监测观测站作为全球观测网络的组成部分。

2013 年 4 月，日本内阁正式通过了新修订的《海洋基本计划》（2013—2017），该计划提出了 12 项新举措。这 12 项新举措中的主要内容包括：海洋基础科学研究的布局主要涉及新型调查设备开发与新技术引入；海底地形、地质、潮流、地壳构造、领海基线等基本数据调查；海洋背景数值的年度变化；海水、海底土壤和海洋生物的放射性监测；重点推进全球变暖与气候变化的预测及适应、海洋能源与矿物资源的开发、海洋生态系统的保护与生物资源可持续利用、海洋可再生能源开发、自然灾害应对等与政策需求相对应的研究开发；构建对海洋及地球相关领域的综合理解，开拓新海洋地质学前沿的科学技术基础，推进观测、调查研究及分析等研究开发工作；推进与海洋相关的基础研究，以及中长期技术、海洋空间综合理解所需要的技术；推进世界领先的基础技术研究开发。

日本佐佐川和平基金会海洋政策研究所于 2017 年 6 月与 Leave a Nest 有限公司合作推出了 DeSET 项目，以支持开发广域高速海底测绘技术[②]。为认清地球"板块学说"中与地震发生、大陆移动密切相关的机制，日本联合美国、韩国及中国台湾地区，开始实施"国际

---

① K. Suyehiro, H. Mikada, and K. Asakawa, Japanese seafloor observing systems: Present and future, Marine Technology Society Journal, vol. 37, 102-114, 2003.

② https://www.spf.org/global-data/20181107105524314.pdf

研究计划"，即在太平洋海底布设范围广阔的观测网，调查地下约 200km 深的地球构造，以揭开推动覆盖地表巨大板块移动的力量之谜。这项计划的调查对象几乎覆盖整个太平洋，并将在亚洲、大洋洲、北美洲与南美洲之间的海底布设庞大的观测网。该计划由东京大学地震研究所教授川胜均主导，美国哥伦比亚大学和布朗大学、韩国首尔大学、中国台湾海洋科技研究中心等共同参与。该项计划将在海底设置能够捕捉地震波的地震计和电磁计，以调查海底约 100km 深的板块以下的情况。届时，将在太平洋全域 15 处地点布设观测网，通过分析地震波的传播等方法探测地球软流层的状态与性质。每处地点的面积广阔，四边长度分别在数百千米到 1000km 之间，设置 10 个到 20 个地震计，每观测 1 年到 2 年后回收机器并分析所获数据。该项计划自 2018 年 4 月开始实施，计划在 5 年到 10 年内完成，调查费用由参加调查项目的各国和各地区共同分担。

▶4.10 数据产品

DONET 数据包括地震计数据、海啸计数据和水听器数据[①]。DONET1 公布的数据包括进行实时观测的宽带地震计（BH 型）和高增益强震计（EH 型）的数据[②]。事件数据可以 SEED 格式下载，每个文件记录了 20 个观测节点中 3 个宽带地震计、3 个强震计、6 个通道的数据。此外，完整的 SEED 格式数据还包括响应信息，可以使用 rdseed 工具从下载的 SEED 文件中创建。事件数据通常被发送到美国地质调查局（UCGS）和日本气象厅（JMA）。

---

① http://www.jamstec.go.jp/scdc/top_e.html

② https://join-web.jamstec.go.jp/join-portal/%E6%8A%80%E8%A1%93%E6%83%85%E5%A0%B1

通过 S-net 海啸计和地震计观测到的数字化数据使用 IP 网络传输至防灾科学技术研究所的数据中心和日本气象厅等机构[①]。目前，压力表数据已经用于海啸监测，地震数据已经进入验证过程，以进一步进行地震预警。日本新干线 JR 接收并使用 DONET 和 S-net 监测的海底地震数据用于列车控制，从而可以缩短紧急停车时间。

4.11　经济社会综合效益

4.11.1　DONET 综合效益

（1）实时地震分析。

在 2003 年十胜冲地震时，DONET 在震中上方成功记录到地震和海啸波形，为研究地震形成过程、地形变化和海啸形成机制提供了帮助[②]。DONET 监测到 2011 年日本东太平洋海域地震、2012 年苏门答腊岛北部西海岸地震、2012 年日本三陆海岸地震等。DONET 使用波形数据发布灾害预防早期预警，当检测到来自地震的信号之后，DONET 立即搜集并选择数据，通过网格搜索和/或反演方法执行源分析，并提供源元素的分析结果。通过将孕震区和周围的地震勘测结果汇总到上述方法构建的结构模型，使分析结果更加准确。

（2）实时海啸分析。

大多数海啸都是由超大地震引起的海底构造运动产生的。除地震传感器外，DONET 还包括数 10 个海啸传感器（高精度压力传感器）。DONET 在 2011 年东北地震海啸传感器中记录到明显的海啸信号，这表明 DONET 数据对于近海海啸预警非常有价值，可以比地

---

① https://confit.atlas.jp/guide/event-img/jpgu2015/03211/public/pdf?type=in
② https://www.jamstec.go.jp/donet/e/rd/seismic.html

面监测站早 10~15min 监测到海啸的来临，从而可以有效减少人员伤亡。高精度压力传感器也可用于分析微海啸、大地变形、潮汐、水温及其相关的海洋现象。

（3）震源位置调查。

通过分析 DONET 在海底观测到的数据，可更准确地估计地震的震源位置。同时，DONET 提供的数据也提高了地震层析成像的分辨率。

（4）地震资料同化。

DONET 充分利用海洋网络天文台系统，不仅可以实时监测，还可以对大型地震进行预测，从而可以定性地展示南海海槽的地震周期的一些复发模式，通过分析数值模拟结果定量地评估观测现象，因此有助于分析地震周期的整个过程。同时，通过长期监测地壳活动，也有助于阐明和研究地震发生机制。

4.11.2　S-net 综合效益

（1）及早发现海啸和地震。

在东日本太平洋产生的海啸由海啸计（水压计）直接检测，S-net 有助于快速准确地预测海啸。例如，当日本海沟附近发生海啸时，S-net 可以比地面监测站提前 20s 测量和检测到海啸，并可传输信息以进行速报。同时，在海啸到达海岸之前，S-net 可立即对海啸的高度进行高精度的预测。S-net 提供的海啸数据已被气象厅用于发布海啸情况。同时，如果在日本海沟附近发生地震，则 S-net 可以在 30s 内尽早发现地震运动，有助于信息传播和早期疏散行为，从而可以有效减小伤害。另外，通过直接掌握到达海底观测网各点的地震时的地面运动和海啸的传播状态，可以进行直播和预测，因此有助于高级海啸预测技术的研究。

（2）对海沟型地震发生区域的各种现象进行探测，并对地震图像进行说明。

S-net 部署在太平洋板块俯冲日本陆地之间的边界（日本海沟）上，能够获得实时连续数据，因此可以用于研究在海底和地壳垂直波动下的详细地震活动，这对于传统的地面观测网是困难的，因此 S-net 有助于海域中地震图像的阐明。

（3）海底观测网和海啸防灾城镇规划。

从地震和海啸灾害预防的角度来看，重要的是确保时间余量，即通过更快速和准确地发送信息，以及发送预报和警报来确保防灾和减少警报所需的时间。海底地震海啸观测网络通过制定疏散对策、检查手段及规划防灾计划，对建设具备防灾能力的安全城市规划起到了重要的作用。

（撰稿人：董璐，中国科学院文献情报中心）

反侵权盗版声明

电子工业出版社依法对本作品享有专有出版权。任何未经权利人书面许可，复制、销售或通过信息网络传播本作品的行为；歪曲、篡改、剽窃本作品的行为，均违反《中华人民共和国著作权法》，其行为人应承担相应的民事责任和行政责任，构成犯罪的，将被依法追究刑事责任。

为了维护市场秩序，保护权利人的合法权益，我社将依法查处和打击侵权盗版的单位和个人。欢迎社会各界人士积极举报侵权盗版行为，本社将奖励举报有功人员，并保证举报人的信息不被泄露。

举报电话：（010）88254396；（010）88258888

传　　真：（010）88254397

E-mail：　dbqq@phei.com.cn

通信地址：北京市万寿路 173 信箱

　　　　　电子工业出版社总编办公室

邮　　编：100036